Edition Delius

DOMINIQUE SEYTRE

BÄUME *und* WÄLDER *der* ERDE

DELIUS KLASING VERLAG

Titel der französischen Originalausgabe: Arbres et Forêts du Monde

Bibliografische Information der Deutschen Nationalbibliothek
Die Deutsche Nationalbibliothek verzeichnet diese Publikation in der
Deutschen Nationalbibliografie; detaillierte bibliografische
Daten sind im Internet über http://dnb.d-nb.de abrufbar.

1. Auflage
ISBN 978-3-7688-3183-3
Die Rechte für die deutsche Ausgabe liegen beim Verlag
Delius, Klasing & Co. KG, Bielefeld

Alle in diesem Buch enthaltenen Fotos stammen von der Agentur CORBIS,
mit Ausnahme von:
S. 35: ONF
S. 65: Hervé Ronné
S. 145: Zeder 09 © Lianem/Fotolia
S. 155 bis 158: Katia Collinet

Aus dem Französischen von Claudia Ade
Lektorat: Dr. Sigrun Künkele
Layout: Alexandre Rotsztein, Pierre Gourdé
Satz: Fotosatz Habeck, Hiddenhausen
Schutzumschlaggestaltung: Gabriele Engel
Druck und Bucheinband: aprinta-Druck, Wemding
Printed in Germany 2010

Delius Klasing Verlag, Siekerwall 21, D - 33602 Bielefeld
Tel.: 0521/559-0, Fax: 0521/559-115
E-Mail: info@delius-klasing.de
www.delius-klasing.de

Inhalt

Mythische und heilige Bäume

Mythos kosmischer Baum

Bäume, Sinnbild der Gelassenheit, flößen uns Menschen Respekt ein: In früheren Zeiten weihten zahlreiche Zivilisationen wie die Maya oder die nordischen Völker den Bäumen einen Kult und betrachteten sie als Pfeiler des Universums oder als Mittelpunkt der Erde. Dieser Mythos des Baums als Symbol des Kosmos ist weit verbreitet.

Durch seine vertikale Achse scheint der Baum alle kosmischen Kräfte in sich zu bündeln. Seine Wurzeln sind in der Unterwelt, dem Totenreich, verankert, während sich der Stamm in der Welt der Sterblichen der Sonne entgegenreckt. Seine Äste schließlich wachsen in den Himmel, dem Sitz alles Göttlichen und Ewigen.

Der Baum, größer und imposanter als der Mensch, steht für Stärke, ist tief mit der Erde verbunden und symbolisiert die vollkommene Einheit aller kosmischen und spirituellen Kräfte dieser Welt.

Durch die von uns allen angestrebte Verbundenheit mit dem Himmel findet der Mensch hier sein inneres Gleichgewicht.

Die Blätter eines Baums scheinen den existenziellen Fragen, die uns Menschen bewegen, Nahrung zu liefern, indem sie die Merkmale des Lebens, des Tods und der Ewigkeit in sich tragen. So wirken die immergrünen Bäume, die dem Wechsel der Jahreszeiten nicht unterworfen sind, unsterblich, während Bäume, die ihre Blätter abwerfen, dem Rhythmus des Lebens bzw. des Tods unterliegen wie wir Menschen: Nach dem winterlichen Dahinwelken erwacht im Frühling alles zu neuem Leben.

Wie der Mensch besteht auch der Baum aus einem verzweigten Gefäßsystem. Er benötigt Nahrung und zeigt ebenfalls die Phänomene Atmung und Transpiration. Der Mensch ist das einzige Lebewesen, das aufrecht auf zwei Beinen gehen kann – ein Vorteil, der ihn über die Tiere erhob. Der Baum hingegen ist, wie alle Pflanzen, im Erdreich verwurzelt, übt jedoch durch seine Wuchsform, sein himmelwärts gerichtetes Wachstum und die von ihm ausströmende Kraft auf uns Menschen eine einzigartige Faszination aus.

Rainer Maria Rilke fand seine Inspiration, indem er sich gegen einen Baum lehnte. Vielleicht schöpfte er dadurch die Kraft, die ihn die folgenden Verse schreiben ließ:

»Durch alle Wesen reicht der eine Raum:
Weltinnenraum. Die Vögel fliegen still
durch uns hindurch. O, der ich wachsen will,
ich seh hinaus, und in mir wächst der Baum.«

Rechte Seite: Eine Eiche in den Schweizer Alpen. Durch ihren majestätischen Wuchs und ihr ehrwürdiges Alter haben Eichen den Menschen stets Demut gelehrt.
Seite 12: Hat es nicht den Anschein, als wollten die Äste dieser Eiche den Himmel berühren?
Seite 13: Am Ufer des Ullswater-Sees in England bedecken die Wurzeln dieser alten Eiche eine größere Fläche als ihre Äste.
Seiten 14/15: Die gewundenen Äste sicherten dieser Eiche ihr Überleben und Gedeihen: Heute stellen sie ihre Kraftquelle dar.

3

Die Bäume des Garten Eden

Die Bibel beginnt mit dem Buch Genesis, in dem die Anfänge der Menschheit auf bildhafte Weise in den Garten Eden gelegt werden. In diesem Paradies auf Erden wachsen zwei Bäume, die die von Anfang an bestehende Dualität symbolisieren, mit der der Mensch konfrontiert ist.

Der Baum des Lebens, der Baum der Unsterblichkeit, ist das Geschenk Gottes an Mann und Frau, die er nach seinem Ebenbild schuf. Der zweite ist der Baum der Erkenntnis von Gut und Böse, der in den Ursprachen als »Gesamtheit allen Wissens und aller Macht« bezeichnet wird. Mit diesen Bäumen gibt Gott den ersten Menschen die Freiheit, zwischen zwei Pfaden zu wählen – dem der Unschuld und dem der Erkenntnis. Die Früchte dieser Bäume tragen die tiefsten Sehnsüchte der Menschen in sich.

Die Schlange hatte Eva eingeredet, dass es der Apfel, die Frucht des Baums der Erkenntnis, ihr ermöglichen werde, sich das Wissen und die Einsicht Gottes anzueignen. Adam und Eva zogen den Apfel der Frucht des Lebensbaums vor. Die hochmütigen Menschen wollten Gott gleich sein!

Darüber hinaus wurde Jesus an ein Holzkreuz genagelt. Für die Christen ist das Kreuz ein Symbol der Opferung: Gott schafft ein neues Bündnis durch seinen Sohn Jesus Christus, der sowohl sterblich als auch göttlich ist und die Lebensumstände der Menschen teilt, von seiner Geburt an bis hin zu seinem Leiden und Sterben. Und dieses neue Bündnis wird auf dem Holzkreuz besiegelt, dem Holz, das die Auferstehung und den neuen Baum des Lebens symbolisiert. Dieses Holz, das von einem gefällten Baum stammt (genau wie der von Adam unbeachtete Baum des Lebens), trägt nun seinerseits den »gefällten« Jesus Christus, um ihn symbolisch zum ewigen Leben zu führen.

Beim Bekreuzigen ziehen gläubige Christen die vertikale Achse des Baums zwischen Himmel (im Namen des Vaters: des Schöpfers) und Erde (im Namen des Sohnes: Gott hat den Menschen erschaffen). Das Kreuzzeichen umfasst außerdem eine horizontale Achse, auf der Jesus Christus seine Arme ausbreitete, um die ganze Menschheit zu umarmen, in der Gott in Form des Heiligen Geistes präsent ist.

Zwar breitet sich in der westlichen Gesellschaft ein atheistischer Rationalismus immer weiter aus, dennoch hat sie sich nicht von ihren jüdisch-christlichen Wurzeln losgelöst, von denen sie weiterhin geprägt wird – wie die biblischen Texte zeigen, in denen der Baum einen spirituellen Platz einnimmt.

Rechte Seite: Ein blühender Apfelbaum inmitten einer Wiese: ein Bild, das uns vermittelt, wie es im Garten Eden hätte aussehen können.
Seite 18: Die Blüten des Apfelbaums bestehen aus fünf Blütenblättern, die sich nacheinander öffnen – wie ein Kind, das frühmorgens seine Arme ausstreckt.
Seite 19: Ein Apfelbaum voller köstlicher Früchte, die zum Schlemmen verführen!
Seiten 20/21: Im sanften Licht der aufgehenden Sonne perlen Tautropfen über die Früchte eines japanischen Apfelbaums.

1

Der Baum Buddhas

Um das Jahr 525 vor Christus erlangte Siddharta Gautama unter einem Indischen Pepulbaum im indischen Dorf Bodh-Gaya die höchste Erleuchtung (»Bodhi«) und wurde zum Buddha (der Begriff bedeutet so viel wie »erwacht« bzw. »erleuchtet«). Korrekter ist es, statt vom Baum Buddhas vom Bodhi-Baum, dem Baum der Erleuchtung, zu sprechen.

Als er an den Wurzeln des Pepulbaums saß, fasste Siddharta Gautama einen Entschluss: »Mein Fleisch mag vergehen, mein Blut austrocknen, diesen Ort werde ich aber erst wieder verlassen, wenn ich die Erleuchtung erlangt habe.« Getreu seinem Gelöbnis soll er sieben Tage lang bewegungslos am Fuße seines Baums verbracht haben – in der für die buddhistische Ikonographie berühmten Körperhaltung.
Sieben Tage, um sich von jeglichen materiellen Dingen loszulösen und ohne Nahrung aufzunehmen.
Sieben Tage, um die Unmäßigkeit abzulegen und sich strengster Enthaltsamkeit hinzugeben, die er von da an predigte.
Sieben Tage, um den dämonischen Versuchungen, vor allem in Gestalt wunderschöner Mädchen, zu widerstehen, die ihn immer wieder aufforderten, seine Meditation aufzugeben.

Es ist sicher kein Zufall, dass dieses Erlebnis der »Erleuchtung« unter einem Baum stattfand: Man glaubt, dass Buddha in der Lage war, aus den Kräften des Baums, die in die Erde strömen und von dort wieder nach oben geleitet werden, die spirituelle Energie zu schöpfen, die für seine Meditation notwendig war.

Von diesem Zeitpunkt an galt der Pepulbaum als heiliger Baum der Buddhisten. Er wird jedoch gleichermaßen von den Hindus verehrt, denn im Schatten eines Pepulbaums soll die hinduistische Göttin Vishnu geboren worden sein. Dieses zweifache religiöse Erbe hat sich in seinem botanischen Namen niedergeschlagen: *Ficus religiosa.* In vielen indischen Dörfern ist es übrigens Brauch, Pepulbäume mit Altären und mit farbenfrohen Opfergaben zu schmücken.

Der Indische Pepulbaum gehört zur Gattung *Ficus*, die um die 750 verschiedene Arten umfasst – darunter die Echte Feige *(Ficus carica)* und die Banyan-Feige *(Ficus benghalensis)*, die ebenfalls einen ganz besonderen Platz in den Herzen der Inder einnehmen. Die Banyan-Feige ist für ihre Luftwurzeln berühmt, die verzweigten Stämmen gleichen. Einige von ihnen können sich über eine Fläche von über zehn Metern erstrecken und so einen Miniwald von über einem Hektar Größe entstehen lassen! Dies ist z. B. bei einer Banyan-Feige im botanischen Garten von Kalkutta der Fall, die sich 100 Meter in die Breite und 35 Meter in die Höhe ausgedehnt hat.

Rechte Seite: Baumwurzeln umschlingen eine Steinskulptur aus dem 14. Jahrhundert, die einen Buddhakopf darstellt. Die thailändische Bevölkerung bringt dort Blumenopfer dar.
Seiten 24/25: Aufgrund ihrer Langlebigkeit spielt die Banyan-Feige eine wichtige Rolle im Leben gläubiger Hindus. In Asien werden die heiligen Bäume prachtvoll geschmückt.
Seiten 26/27: Ein mit Bändern verzierter Pepulbaum in den Tempelruinen von Wat Mahathat in Thailand.

7

Die Sykomore des Zachäus

Im Lukasevangelium (19, 1–10) wird einer Sykomore (Esels-Feige) eine bedeutende Rolle zugewiesen.

Was steht da geschrieben? In Jericho wuchs, wie es damals in allen Dörfern des Nahen Ostens üblich war, ein Baum in der Ortsmitte. Als die Ankunft Jesu bekannt wurde, versammelte sich dort eine große Menschenmenge. Ein Mann, dessen größter Wunsch es war, Jesus zu sehen, der jedoch zu klein war, um über die anderen Menschen hinweg sehen zu können, kletterte auf diesen Baum. Es war Zachäus, der Oberzöllner, der wegen seines Berufs von den Dorfbewohnern verachtet wurde, da er stets einen Teil der Steuern für seinen persönlichen Bedarf abzweigte. Als er allerdings die Sykomore erklomm, erhob sich Zachäus nicht nur körperlich, sondern auch spirituell über die anderen. Als er die Baumäste erkletterte, näherte er sich symbolisch dem Himmel, d. h. dem Göttlichen. Heute mag diese Analogie einigen sehr einfach erscheinen, damals besaß sie eine große symbolische Kraft.

Tatsächlich erklimmt Zachäus nicht irgendeinen Baum: Er klettert auf eine Sykomore, einen Baum, der zur damaligen Zeit in dieser Region, und vor allem in Ägypten (ein Land, dessen Kultur im Altertum den gesamten Nahen Osten geprägt hat), als Baum der Ewigkeit verehrt wurde. Auch die Särge der Mumien waren aus dem Holz der Sykomore gefertigt, da es als unverrottbar galt. Und weil die Sykomore als heiliger Baum verehrt wurde, wurde sie im gesamten Nahen Osten in die Mitte jeden Dorfs gepflanzt. Auch als Zachäus in diesen Baum steigt, symbolisiert dies seinen Durst nach dem ewigen Leben, wenn auch unbewusst.

Als Zachäus auf dem Baum sitzt, wird er von Jesus mit den folgenden Worten angesprochen: »Zachäus, komm schnell herunter! Denn ich muss heute in deinem Haus zu Gast sein.« Ein Großteil der Menge ist empört über seine Worte: Warum möchte Jesus ins Haus eines Sünders einkehren, der obendrein noch so dreist ist, auf genau die Sykomore zu klettern, unter der Jesus sprechen wird?

Die Sykomore ist eine *Ficus*-Art *(Ficus sycomorus)*. Sie erreicht eine Höhe von ca. 20 Metern und ist in Ägypten sowie dem gesamten Nahen Osten anzutreffen. Sie wird wegen der Früchte vor allem am Rand der Dörfer gepflanzt und ist auch als Schattenspender sehr beliebt.

Rechte Seite: Trotz der trockenen und steinigen Böden werden Feigenbäume, hier eine Sykomore, oft wegen ihrer Früchte und des Schattens am Ortsrand gepflanzt.
Seite 30: Im kühlenden Schatten einiger Feigenbäume scheint die Natur in der Umgebung der ausufernden Wurzeln neues Leben zu schöpfen.
Seite 31: Die beliebte Frucht der Echten Feige sowie eines ihrer Blätter.
Seiten 32/33: Die Äste der Sykomore scheinen noch immer die Spuren Zachäus zu tragen, der auf einen solchen Baum kletterte, um Jesus sehen zu können.

Der Baumkult

Bei den Römern war es Brauch, bei der Geburt eines Kinds einen Baum zu pflanzen. Ob das Kind kräftig war, ließ sich angeblich an der Stärke des Baums ablesen. Diese Tradition hat sich im ländlichen Milieu sehr lange gehalten und auch heute noch gibt es Familien, die diesen Brauch pflegen. Haben nicht auch die französischen Revolutionäre diese Sitte fortgeführt, als sie während der Revolution im ganzen Land Freiheitsbäume pflanzten, um den Anbruch einer neuen politischen Ära zu feiern? Auch heute setzen immer wieder Abgeordnete oder Minister Friedens- oder Gedächtnisbäume, um einen Wahlsieg zu feiern.

Die Gallier, ebenso wie ein Großteil der Kelten, legten ihre Grabstätten inmitten von Wäldern an. Die Druiden versammelten sich auf Lichtungen heiliger Wälder, um dort ihre geheimen Rituale zu vollziehen. Druiden waren übrigens auch dafür berühmt, Misteln von den Bäumen zu schneiden: Diese Schmarotzerpflanze wächst auf Bäumen und bleibt selbst dann noch grün, wenn der Baum im Winter längst alle Blätter verloren hat. Für die Druiden war die Mistel ein Symbol ewigen Lebens, die dem Mythos vom kosmischen Baum noch mehr Kraft verlieh, da sie, als immergrüne Pflanze, den Ästen des Baums, die mit dem Himmel und dem Göttlichen in Verbindung standen, einen Hauch von Ewigkeit verlieh. Der Legende nach schnitten die Druiden ihre Misteln von Eichen, obwohl man Misteln überaus selten auf diesen Bäumen findet: Handelt es sich also nur um eine Legende oder trug das seltene Vorkommen noch zum heiligen Charakter der Mistelernte bei? Oder besaß die Mistel von Eichen ganz besondere Eigenschaften?

Die Eiche, die in den Wäldern Galliens sehr weit verbreitet war, hat in der Geschichte Frankreichs ihre Spuren hinterlassen. Ihre Blätter wurden im Lauf der Zeit zu einer Art Sinnbild Frankreichs. An anderer Stelle geht die Sage, dass der hl. Ludwig unter einer Eiche Recht sprach. Und in der Tat wurden große Entscheidungen stets unter einem Baum getroffen, um den feierlichen Charakter des Ereignisses zu unterstreichen. Frankreich ist noch immer sehr stolz auf seine großen Eichenwälder, um die es von vielen europäischen Ländern beneidet wird. So gehört der Wald von Tronçais im Bourbonnais zu den wahrscheinlich berühmtesten Eichenwäldern Frankreichs.

Rechte Seite: Eine majestätische und imposante Eiche, unter der sich der Mensch winzig klein vorkommt.
Seite 36: Das Eichenblatt ist schon seit Jahrhunderten das Emblem Frankreichs.
Seite 37: Die Mistel, die nur selten auf Eichen wächst, galt bei den Druiden als Symbol der Ewigkeit, da ihr immergrünes Laub auf den kahlen Baumästen den Winter überdauerte.
Seiten 38/39: Die Kelten bestatteten ihre Toten stets außerhalb der Dörfer in Steinkreisen mitten im Wald oder in einem Hain – wie hier im niederländischen Drente.

3

Totempfahl und Maibaum

Das französische Wort für Baum, »arbre«, stammt vom lateinischen »arbor«, was so viel wie »Mast« bedeutet. Dieser Name drückt den Respekt aus, den wir Menschen seinem aufrechten Wuchs und seiner Größe entgegenbringen: Der Mast steht in Bezug zur vertikalen Dimension des kosmischen Baums, der die unterirdische Welt mit dem Himmel verbindet. Diese Etymologie bekommt übrigens auch im Nachhinein einen Sinn, wenn man bedenkt, wie wertvoll Holz für die Marine bei der Herstellung von Masten war.

Das Symbol des Masts taucht in zahlreichen Zivilisationen auf. Das perfekte Beispiel dafür ist der Totempfahl der amerikanischen Indianer, der zum Symbol des indianischen Glaubens wurde. Er stellte sehr häufig ein mythisches Wesen dar (meist ein Tier, bisweilen jedoch auch eine Pflanze), das Gegenstand eines besonderen Kults war. Die Tänze und Anrufungen, die um den Totempfahl herum stattfanden, gestatteten es den Menschen, Kontakt mit der Welt der Götter aufzunehmen. Mittels des an der Spitze des Totempfahls dargestellten Tiers war es den Indianern möglich, mit dem Jenseits zu kommunizieren. Die nordamerikanischen Indianervölker verehrten die Naturkräfte und zeigten große Hochachtung vor der Erde, der sie ihre Nahrung verdankten. Das auf dem Totempfahl dargestellte mythische Wesen diente außerdem dazu, die Zugehörigkeit zu einem Stamm kenntlich zu machen.

Was ist in unserer westlichen Zivilisation vom Totempfahl übrig geblieben? Sowohl in den USA als auch in Europa werden immer noch zu unterschiedlichen Anlässen »Masten« errichtet, wie z. B. am Maifeiertag: Bei diesem nichtkirchlichen Fest wird mit dem Aufstellen des Maibaums in der Ortsmitte die Rückkehr des Frühlings mit Essen und Tänzen gefeiert. Der mit Blumen und bunten Bändern verzierte Maibaum symbolisiert die Ankunft des Frühlings und die Wiedergeburt der Natur. Die Phallusform des Maibaums – wie übrigens jeden Masts – beschwört außerdem die Kräfte der Fruchtbarkeit herauf.

Neben dem Maibaum gibt es auch die Tradition des »Klettermasts«, der seit Jahrhunderten auf Volksfesten anzutreffen ist: Hier geht es darum, den Mast hinaufzuklettern und die an der Spitze befestigten Gegenstände zu ergattern.

Rechte Seite: Totempfahl mit Adlerkopf im Totem-Park in Saxman/Alaska. Die Tierdarstellungen erinnern daran, wie eng verbunden sich die Indianer mit der Natur fühlten.
Seite 42: Detail eines Totempfahls, auf dem sich menschliche und tierische Elemente miteinander vereinen (Sitka-Nationalpark).
Seite 43: Ein Maibaum, der an das Kreuz Christi erinnert, im Licht der untergehenden Sonne; das schmückende Grün scheint dem abgestorbenen Holz neues Leben einzuhauchen.
Seiten 44/45: Zur Feier des Frühlings tanzen blumenbekränzte Mädchen und weiß gekleidete Jungen mit den farbenfrohen Bändern eines Maibaums.

Bonsai

Aus dem Japanischen wörtlich übersetzt bedeutet Bonsai »beschnittener Baum« oder »Baum im Topf«, wobei die Silbe »bon« für »beschnitten, im Topf« und »sai« für »Baum« steht. Bonsais gab es zuerst in China. Man findet sie als Abbildungen auf sehr alten chinesischen Stempeln sowie auf Grabsteinen aus dem ersten Jahrtausend nach Christus. Sehr wahrscheinlich wurde die Kultur der Bonsaibäume später von Mönchen aus China auch im benachbarten Japan verbreitet – zeitgleich mit dem Buddhismus. Im Lauf der Jahrhunderte trat der Bonsai seinen Siegeszug durch das gesamte Reich der aufgehenden Sonne an, bis er schließlich im 19. Jahrhundert richtig in Mode kam. Einige Exemplare dieser Miniaturbäume schafften zu dieser Zeit sogar den Sprung über den Ozean und fanden große Beachtung auf der Pariser Weltausstellung im Jahre 1878.

Heute wird die Bonsaikultur von vielen Menschen als Kunst angesehen, in Japan wurde sie bereits 1934 als solche offiziell anerkannt. Dabei geht es in erster Linie nicht darum, ein Gehölz zu kultivieren, das die Miniaturausgabe eines Baums mit vollkommen ästhetischer Wuchsform und ebensolchen Konturen darstellt. Traditionsgemäß werden in Japan Bonsais nach ihrer Form benannt, bisweilen jedoch auch nach ihrer Höhe oder der Anzahl ihrer Stämme. Ein Bonsai sollte einer Baumart angehören, die in der Natur sehr hoch wird. Theoretisch kommt dafür jedes Gehölz infrage, am häufigsten werden aber nach wie vor asiatische Spezies verwendet (japanischer Ahorn, Japanische Ulmen, Kiefern …).

In Japan zeugt die Bonsaikultur vielmehr von einer spirituellen Haltung statt von einem angenehmen Zeitvertreib. Tatsächlich bündelt der Bonsai in sich die geheimnisvollen Kräfte, die jedem Baum innewohnen und die uns Menschen anscheinend ansprechen. Indem er den Bonsai formt, seinen Wuchs lenkt, bekommt der Mensch den Eindruck, er könne das erhabenste Lebewesen bzw. eine Naturkraft beherrschen. Der Mythos vom ewigen Baum, der mittlerweile Tausende von Jahren überdauert hat, verleiht dem Bonsai zusätzlich den Anschein einer spirituellen Seele: Der weltweit älteste Bonsai soll das respektable Alter von gut 500 Jahren erreicht haben!

Der Bonsai vermittelt das Bild eines vollkommen harmonischen Gleichgewichts, dem wir Menschen unaufhörlich hinterherjagen.

Rechte Seite: Die ersten Bonsais waren höchstwahrscheinlich Werke der Natur – Bäume, die umweltbedingt gezwungen waren, kleinwüchsig zu bleiben. Was für eine wundervolle Überraschung für denjenigen, der so etwas zwischen den Felsen im Gebirge entdeckt.
Seite 48: Ein wunderschöner Bonsai mit Früchten, die seinen Fortbestand sichern.
Seite 49: Der Bonsai nimmt gezwungenermaßen künstlerische Formen an. Seine rissige Rinde zeugt von seinem hohen Lebensalter.
Seiten 50/51: Geduld und Sorgfalt sind die Haupteigenschaften, die man braucht, um eine Bonsaikiefer zu beschneiden und zu formen.

E

Zauberwälder der Märchen, Legenden und Sagen

Die verwunschene Welt der Wälder

Das französische Wort »forêt« für Wald geht auf das lateinische »forestis« zurück, das man mit »außerhalb der Umzäunung, woanders« übersetzen kann. Das in der französischen Dichtung verwendete Synonym »sylve« stammt seinerseits vom Begriff »silvatica« ab, der große Ähnlichkeit mit »salvatica« wie »wild« aufweist. Die beiden ursprünglichen Begriffe zeigen deutlich, wie viel menschliche Fantasie die Welt der Wälder umgibt. Der Wald ist eine Wildnis aus Unbekanntem (jenseits des Bekannten), ein Ort, an dem man sich nicht aufhält, sondern sich nur auf der Durchreise befindet. Der Mensch stellt sich die Wälder als Orte vor, die von unbekannten, verwunschenen, unheimlichen, wohlwollenden oder auch heimtückischen Wesen bevölkert werden.

In der Antike glaubten die Römer, die Wälder würden von eichenlaubbekränzten Waldnymphen bewohnt. Später glaubten die Menschen an Feen, jene fantastischen, mit übernatürlichen Kräften ausgestatteten Wesen, die in die Geheimnisse der Natur eingeweiht waren und am Rande der Menschenwelt lebten. Ihre sogenannten »Zauberstäbe« waren nichts anderes als einfache Baumzweige, die keine Knoten aufwiesen und gerade gewachsen waren. Gegenspieler dieser guten Feen waren die Hexen, die Holzstiele besaßen, an deren Spitze Heidekraut- und Ginsterzweige befestigt waren: die berühmten »Hexenbesen«.

Neben den Feen bevölkerten noch viele andere Zauberwesen die Wälder. Dort lebten zahlreiche erstaunliche Kreaturen, von Zwergen bis hin zu Riesen: Elfen, Trolle, Gnome und Kobolde, die unter Trauerweiden hausten – nicht zu vergessen die Korriganen, die verspielten, schadenfrohen, bisweilen auch hinterhältigen Schelme der Bretagne. Unter den Riesen galten die Oger oft als boshafte, menschenfressende Kreaturen. Was die übernatürlichen Tiere anbelangt, so sind hier vor allem Einhörner und Drachen zu erwähnen, die uns allen aus Märchen bekannt sind.

Diese märchenhaften Waldbewohner zeugen von der Unkenntnis bzw. dem Argwohn den die Menschen dem Wald gegenüber hegten. Lange Zeit war er der Inbegriff des Wilden, Furchteinflößenden, sicher zu Recht: Wer sich in den Wald wagte, lief Gefahr, von einem wilden Tier angegriffen zu werden. Denken wir nur einmal an den Wolf, dessen Geheul auf dem Land zahlreiche Sagen aufkommen ließ, z. B. die der Bestie von Gévaudan. Diese Angst vor dem Wald wurde durch Überfälle von Straßenräubern und anderen Wegelagerern noch geschürt. Das undurchdringliche, finstere Unterholz, die seltsamen Geräusche und Nebelschwaden – all dies machte den Wald zu einem schaurigen Ort, vor dem auch heute noch manch einer lieber umkehrt.

Rechte Seite: Eine Baumreihe aus Eichen in Italien, die wie eine Allee wirkt, die in eine unbekannte, übernatürliche Welt führt.
Seiten 56/57: Im Frühnebel eines kanadischen Herbsttags geht die Sonne hinter dem Nebel auf. Dieser Wald scheint von der Magie der Feen beseelt zu sein.
Seite 58: Welches Geheimnis birgt dieser französische Buchenhain mit seiner wundersamen Atmosphäre?
Seite 59: Sonnenaufgang über einem verschneiten, in Nebelschwaden gehüllten Wald.
Seiten 60/61: Diese Wolken erwecken den Anschein, als wollten sie die Nadelwälder in den Bergen Alaskas förmlich überfluten.

9

Heilige Bäume und Baumkapellen

Bei verschiedenen Völkern war es tabu, bestimmte Bäume zu fällen. Denn man glaubte, sie würden von einer Fee bewohnt, deren Stöhnen zu hören wäre, sobald der Baum fiel. Der Sage nach fanden Feen in Holunderbüschen *(Sambucus* ssp.) Zuflucht: Jede einzelne der kleinen, zarten, weißen Blüten war die Wohnstätte einer Fee. Verbrannte man demnach das Holz eines Holunders, bedeutete dies, dass man all die guten Wünsche der guten Feen dem Feuer übergab.

Der Kult der Feenbäume hat seinen Ursprung wahrscheinlich in der keltischen Mythologie mit ihren heiligen Bäumen. Im ersten Jahrtausend, als sich das Christentum in ganz Europa ausbreitete, wurden zahlreiche Kultstätten der Kelten christianisiert: Ehemalige Opferstätten wurden einem bestimmten Heiligen geweiht, so z. B. dem hl. Martin, dem großen Verkünder des Evangeliums in Gallien. Doch der Kult um die Feenbäume blieb bestehen, während Namen wie »Feenfrau« nun häufig durch »Unsere Liebe Frau«, »Jungfrau Maria« oder »Mutter Christi« ersetzt wurden. Daher sah man nun häufig Statuen der Gottesmutter oder anderer Heiliger an früheren Feenbäumen oder heiligen Bäumen.

In der Normandie, einem traditionell christlichen Landstrich, wurden hohle Bäume zu Kapellen umfunktioniert, z. B. die beiden uralten Eiben auf dem Friedhof von La Haye-de-Routot im Département Eure. Einer der Bäume beherbergt eine Statue der Mutter Gottes von Lourdes, im anderen wurde im Jahre 1866 eine der hl. Anna geweihte Kapelle errichtet.

Die bekannteste Baumkapelle ist wohl die Eiche in Allouville-Bellefosse in der Region Caux (Seine-Maritime). Diese Eiche soll ein Alter von 1000 Jahren und einen Umfang von 15 Metern haben. Seit 1696 befindet sich in ihrem Innern eine Kapelle, die Unserer Lieben Frau vom Frieden geweiht ist. Die darüber befindliche Kalvarienkapelle, ehemals als Eremitenbehausung gedacht, ist neueren Datums. Im 19. Jahrhundert schenkte Kaiserin Eugénie, die Gemahlin Napoleons III., der Kapelle eine vergoldete Holzstatue der Jungfrau Maria, die lange Zeit im Herzen der Allouville-Eiche ausgestellt war, später jedoch an einen sichereren Ort gebracht wurde.

Im Lauf der Zeit hat die Eiche von Allouville vielen Widrigkeiten getrotzt: Sie hat einige Blitzeinschläge unbeschadet überstanden und ist dank der heftigen Gegenwehr der Einwohner von Allouville sogar dem Feuer der Französischen Revolution entgangen. Die Kapelle wurde 1851 restauriert, bevor sie dann 1912 ein Gewitter etwa 20 Meter Höhe kostete. Um das Jahr 2000 wurde die Eiche vollständig befestigt und verankert, damit sie noch viele Jahre über die Stadt wachen kann.

Rechte Seite: Trotz ihres fortgeschrittenen Alters hat sich die gut verankerte Baumkapelle von Allouville-Bellefosse ihre in den Himmel ragende Turmspitze bewahren können.
Seite 64: Die alte Eiche von Allouville-Bellefosse beherbergt eine Kapelle, die Unserer Lieben Frau vom Frieden geweiht ist. Über eine Treppe gelangt man zu der darüber liegenden kleinen Kalvarienkapelle.
Seite 65: Die 500 Jahre alte Eiche von Bonnœuvre (Loire-Atlantique), der man nachsagt, sie könne Furunkel heilen.
Seiten 66/67: Der Ort La Haye-de-Routot befindet sich im Nationalpark Brotonne in der Normandie. Auf dem Friedhof steht die Kapelle Sainte-Anne, die 1866 im Innern einer wahrscheinlich 1000-jährigen Eibe entstand.

AVIS IL EST DEFENDU SOUS PEINE D'AMENDE,
D'ESCALADER LA BALUSTRADE QUI ENTOURE LE
CHÊNE, D'ENLEVER L'ECORCE ET LES RAMEAUX
DU CHÊNE, D'EN ENLEVER LES FEUILLES
PROCES VERBAL SERA DRESSE POUR LES
CONTREVENANTS
A NOTRE DAME DE LA PAIX
ERIGEE PAR Mr L'ABBE
DU DETROIT CURE
D'ALLOUVILLE en 1696

Der Zauberwald von Brocéliande

Die bretonischen Märchenerzähler siedeln den sagenumwobenen Wald von Brocéliande in der Umgebung des Dorfs Paimpont in der Bretagne an, einem Ort, an dem König Artus, Ritter Lancelot und der Zauberer Merlin ihre Abenteuer bestanden haben sollen. Der derzeitige Staatsforst von Paimpont umfasst nur einen winzigen Teil der in den Erzählungen von Chrétien de Troyes im 12. Jahrhundert beschriebenen Waldfläche.

Der Sage nach soll Merlin der Fee Viviane an der Quelle von Barenton, im Westen des Walds von Brocéliande, begegnet sein. Im Norden des Walds befindet sich das Grab Merlins. Die Geschichte besagt, dass die Fee Viviane Merlin dort eingeschlossen habe, indem sie zwei gewaltige Steinplatten auf einen Graben fallen ließ.

Auch Morgan le Fay hat ihre Spuren in der Region Brocéliande hinterlassen. Morgan war die Halbschwester von König Artus. Nachdem sie von ihrem Liebhaber betrogen wurde, schwört sie Rache. Sie verwünscht eine Armee treuloser Ritter und macht sie damit zeitlebens zu Gefangenen im Tal ohne Wiederkehr. Nur Ritter Lancelot kann der Zauberspruch nichts anhaben, weil er eine aufrichtige, treue Liebe für seine schöne Königin Guenièvere empfindet. Dank seines reinen Herzens und Muts gelingt es Lancelot, seine Waffenbrüder aus dem verwunschenen Tal zu befreien, das sich im Westen des Forsts von Paimpont befinden soll.

In der Nähe des Tals ohne Wiederkehr befindet sich ein Megalith, genannt »Druidengrab«, der aus dem Jahre 2500 vor Christus stammen soll. Für einige Anhänger der Artussage war dieser Megalith die Wohnstätte der Fee Viviane.

Doch der Wald von Brocéliande ist auch Bestandteil einer weiteren Geschichte, in der die Ritter der Tafelrunde eine Rolle spielen. Diese bretonische Sage erzählt von den Abenteuern des tapferen Ritters Pontus, der sich unsterblich in die schöne Sidonia verliebte. Nachdem Pontus das Opfer eines Verrats wird, vergisst er sich in seinem Zorn, wird vom bretonischen Hof verbannt und findet Zuflucht im Wald von Brocéliande. Sieben Jahre später besiegt er den Mann, der ihn verriet, nach einem zwölf Tage andauernden Kampf und kehrt an den bretonischen Hof zurück. Am Austragungsort des Kampfs pflanzt er eine Rot-Buche, um sein Wiedersehen mit Sidonia zu feiern.

Wenn auch der Standort dieser Rot-Buche ein Rätsel bleibt, so ist der bemerkenswerteste Baum des Walds von Paimpont, die Guillotin-Eiche, umso leichter zu finden. Es handelt sich hierbei um eine wahrscheinlich 1000-jährige Eiche, deren Stamm bereits zur Zeit der Französischen Revolution ausgehöhlt war. Im Innern des Stamms soll sich Pater Guillotin vor seinen Verfolgern versteckt gehalten und den Gläubigen, die ihn besuchen kamen, die Sakramente gespendet haben.

Rechte Seite: Die sagenumwobene Quelle von Barenton, wo Merlin der Fee Viviane begegnete, liegt im Wald von Paimpont.
Seiten 70/71: Der sogenannte Teich der Schmieden im Wald von Paimpont bietet einen großartigen Rahmen für die Artussage.
Seiten 72/73: Markieren diese Steinblöcke im Wald von Paimpont die Grabstätte Merlins?

3

Alte Märchen

Hauptsächlich in den Märchen wird unsere Fantasie bezüglich des Walds beflügelt. In den meisten dieser Märchen ist der Wald ein Ort, an dem sich die Hauptfigur – egal, ob Mann oder Frau – einer unumgänglichen Bewährungsprobe unterziehen muss, einer Art Einweihungsritus.

Im Märchen müssen die jungen Männer ihre Tapferkeit unter Beweis stellen und Heldentaten vollbringen. Die jungen Mädchen sollen hingegen jeder gefährlichen Begegnung, auch mit Tieren, aus dem Weg gehen, um dann am Ende dem Charme des tapferen Ritters zu verfallen, der ihnen zu Hilfe eilt. Sie wagen sich in die geheimnisvolle Welt des Walds, wo sie zur Beute wilder Tiere werden und Zauberwesen bzw. bösartigen Kreaturen wie Hexen, Riesen und Drachen begegnen.

Wer kann den grausamen Riesen besiegen? Der kleine Däumling, und zwar mithilfe seiner Erfindungsgabe. Der Jüngste und Kleinste erklimmt einen Baum, um in die Ferne blicken zu können und wird dadurch zum Klügsten, der während der gesamten Reise über seine älteren Brüder wacht. Übrigens beginnt ein Märchen nicht selten damit, dass ein Mensch die Orientierung im Wald verliert. Als Rotkäppchen im Wald vom Weg abkommt, erklärt es in seiner Unschuld dem Wolf, dass es seiner Großmutter einen Besuch abstatten wolle …

In dem ebenfalls sehr bekannten Märchen »Dornröschen« in der Fassung von Perrault (1628–1703) befindet sich das Schloss der schlafenden jungen Prinzessin inmitten eines undurchdringlichen Walds – eine List der bösen Fee. Der Wald trennt die schlafende Schöne nach und nach von der Außenwelt. Allein ein mutiger Ritter wagt es, sie zu befreien, nachdem er sich einen Weg durch das Gewirr aus Bäumen und Brombeersträuchern gebahnt hat.

In den 1812 erschienenen Märchen der Gebrüder Grimm lebt Schneewittchen mit sieben Zwergen, die den Kobolden des verwunschenen Waldvolks ähneln, inmitten eines großen Walds. Die böse Stiefmutter und Königin lässt Schneewittchen von einem vergifteten Apfel, einer in Sagen häufig vorkommenden Frucht, abbeißen. Schneewittchen stirbt und wird durch den Kuss eines Prinzen zu neuem Leben erweckt.

Der Wald ist der Lieblingsort der Märchen, aber auch der Rahmen für historische Sagen wie die von Robin Hood, die im Wald von Sherwood spielt. Robin ist der großherzige Anführer einer Räuberbande, die Adlige und Vermögende überfällt. Schon bald führt er den Aufstand gegen die normannischen Eroberer, später dann die Bauernrevolte gegen die adligen Herren an.

In der heutigen Zeit haftet dem Wald nichts Bedrohliches mehr an: Man hat ihn rationalisiert. Mit all den Wegen und Alleen, die ihn durchkreuzen, gibt er uns eher ein Gefühl von Sicherheit.

Rechte Seite: Wie es uns der kleine Däumling gelehrt hat, kann man mithilfe einiger Steine seinen Weg im dunklen Wald wiederfinden.
Seite 76: Diese bemerkenswert gekrümmten Kiefern versetzen uns in die Märchenwelt Polens, wo sie seit 75 Jahren stehen.
Seite 77: Ein Pfad im Unterholz, auf dem man sich leicht Fabelwesen vorstellen kann.
Seite 78: Der Wolf durchstreift den Wald auf der Suche nach Beute.
Seite 79: Ein Wald aus Mammutbäumen in Kalifornien, in dem man sich besser nicht verlaufen sollte …
Seiten 80/81: Die Eule wartet, bis es dunkel wird. Dann stößt sie ihre Schreie aus und begibt sich auf die Jagd.

Moderne Märchen

Mit der verstärkten wirtschaftlichen Nutzung der europäischen Wälder verschwanden auch die Feen bzw. das ganze »Kleine Volk« aus der Märchenwelt des Abendlands. Doch durch die Eroberung von Kolonien wurden die dichten, üppigen Wälder Afrikas, Asiens und auch Amerikas entdeckt, die wiederum europäische Schriftsteller inspirierten. Zu dieser Zeit wurden die ersten fremdartigen Tiere aus den weit entfernten Wäldern als Kuriositäten auf den Marktplätzen der Großstädte ausgestellt. Außerdem brachten die ersten Forscher von ihren Expeditionen bis dahin unbekannte Pflanzen und Früchte mit. Diese Entdeckungen trugen ihren Teil dazu bei, eine neue Mythologie entstehen zu lassen, die in jenen gefährlichen, unerforschten Wäldern angesiedelt war.

1895 veröffentlicht Rudyard Kipling sein »Dschungelbuch«, in dem die Hauptperson, ein indischer Junge namens Mogli, von einer Wölfin großgezogen wird. 1912 erzählt uns Edgar R. Burroughs die Geschichte von Tarzan, einem weißen Jungen, der von Affen aufgezogen wird und sich wie sie von Liane zu Liane schwingen kann. Ähneln diese kleinwüchsigen, aufrecht gehenden Affen nicht den Kobolden der alten europäischen Sagen?

Im 20. Jahrhundert tauchen fantastische Geschichten auf, in denen oft neue Welten erschaffen werden, weil die Menschen nicht darauf hoffen können, auf unserer Erde noch unerforschtes Territorium zu finden. In seinem Buch »Der Herr der Ringe« beschreibt J. R. R. Tolkien übernatürliche Wälder, in denen noch faszinierende Wesen hausen.

Dank großartiger Spezialeffekte und großzügiger Geldmittel kann man diese modernen Märchen heute auf Leinwand bannen. Das Kino bringt jedoch auch seine ganz eigenen Geschichten hervor, z. B. den Animationsfilm »Shrek«. In den meisten Erzählungen gehören Riesen und Oger zwar zu den unheilvollen, abscheulichen Wesen, doch macht der Oger Shrek da eine Ausnahme. Er lebt in einem entlegenen Wald inmitten eines übelriechenden Sumpfs. Shrek stellt den traditionellen Gang der Dinge auf den Kopf, indem gerade er zum Ritter wird, der die Prinzessin befreit und heiratet. Es stellt sich heraus, dass die Prinzessin in Wirklichkeit auch ein Oger ist und mit ihrem Ehemann lieber im Sumpf als in einem Schloss lebt.

Die fantastische Welt des Walds war in der Literatur schon immer präsent und ist es heute noch.

Rechte Seite: Das Sonnenlicht streift den Everglades-Nationalpark in Florida. Die Erforschung des amerikanischen Kontinents brachte zahlreiche sagenhafte Erzählungen hervor.
Seite 84: Ein bengalischer Tiger, der an die im »Dschungelbuch« beschriebenen Abenteuer erinnert.
Seite 85: Der Kapuzineraffe bewohnt die Wälder Costa Ricas. Die schelmisch anmutenden Affen haben eine gewisse Ähnlichkeit mit den bretonischen Korrigans.
Seite 86: Zypressen in einem Sumpf im Everglades-Nationalpark.
Seite 87: Die gewaltigen peruanischen Flüsse sind das Tor zu einer unbekannten Welt und Schauplatz zahlreicher Legenden, z. B. der des südamerikanischen Eldorados.
Seiten 88/89: Die in einem Nationalpark zwischen Brasilien und Argentinien liegenden Iguazú-Wasserfälle bestehen aus 275 Kaskaden und laden wahrhaftig zum Träumen ein!

8

Bäume und Wälder als Kunstwerke

Farbpalette

Die Bäume und Wälder unserer Erde bieten dem Betrachter eine Vielfalt faszinierender Landschaften. Wir sehen staunend, wie sich im Wandel der Jahreszeiten ihre Farben verändern, die von zahlreichen Künstlern auf ihre Paletten übernommen wurden.

Der Winter verleiht unseren Wäldern ein blasses, aber sanftes Gesicht: Die meisten Bäume haben ihr Laub abgeworfen, einige behalten jedoch ihre dunkelgrünen Blätter oder Nadeln. Der Schnee, der die Landschaft bedeckt, türmt sich auf den Nadeln der Koniferen oder legt sich auf die kahlen Äste der Laubbäume und verwandelt den Wald in einen weißen, von Schweigen umhüllten Ort. Der Raureif steht dem in nichts nach: In Verbindung mit dem Licht lässt er die unauffälligen Nadeln der Tannen und Fichten in neuem Glanz erstrahlen.

Im Frühling ist in den Wäldern eine Aufbruchstimmung zu spüren: Die jungen Triebe in zartem Grün und die vielfarbigen Blüten heitern die Landschaft auf. In den Wäldern der gemäßigten Zonen erblühen wild wachsende Obstbäume in zartem Rosa und Weiß. In den tropischen Wäldern herrschen grelle, schillernde Farben vor, die die Insekten zur Bestäubung anlocken.

Der Sommer bringt köstliche Früchte hervor, deren bisweilen erstaunliche Farben dem Wald seinen eigenen Charme verleihen. Die Früchte des Sommers weisen je nach Art und Vorkommen die unterschiedlichsten Formen auf. Im Sommer wird das Laub dichter und seine zarte Färbung macht einem satten Grünton Platz. Dieses Grün ist für das menschliche Auge am angenehmsten und befindet sich beim Regenbogen in der Mitte des Spektrums. Daher kann ein Spaziergang durch den grünen Wald ein wirksames Mittel sein, ein Stimmungstief zu bekämpfen.

Im Herbst zeigt der Wald wahrscheinlich die wärmsten und leuchtendsten Farben. Die goldgelben Blätter des *Ginkgo biloba* verleihen ihm einen majestätischen Glanz. Bei der Rot-Eiche *(Quercus rubra)* leuchten die Blätter karminrot, und die sagenhaften kanadischen Zuckerahornplantagen explodieren im Altweibersommer in Rot- und Orangetönen. Nicht zu vergessen die Lärchen (*Larix* ssp.), die den Bergwäldern einen Hauch von Goldglanz verleihen. Sie gehörten zu den wenigen Nadelbäumen, die im Herbst ihre Nadeln abwerfen, genau wie die Sumpfzypresse (*Taxodium distichum*) in Amerika. Bei den anderen Nadelbäumen haben die Nadeln je nach Art eine Lebensdauer von drei bis sieben Jahren, wobei sich die Nadeln im Lauf der Jahre nach und nach erneuern.

Rechte Seite: Die Blätter dieses Ahorns bilden einen wunderschönen roten Teppich.
Seiten 94/95: Nordamerika schmückt sich während des Indian Summer mit leuchtenden Farben. Ein Beispiel hierfür ist dieser Ahorn in Oregon.
Seite 96: Im Frühling ist das zarte Grün der erste Vorbote der neu erwachenden Natur.
Seite 97: Ein mit Raureif überzogenes Ahornblatt während des ersten Herbstfrosts.
Seite 98: Von Raureif bedeckte Blätter und rote Früchte in einem Nationalpark in Alaska.
Seite 99: Ein Trieb einer Stechpalme, gefangen in der Eisschicht eines Sees im amerikanischen Bundesstaat Washington.
Seiten 100/101: Morgenfrost auf den jungen Nadeln und der Knospe eines Nadelbaums in einem kalifornischen Nationalpark.

Kunstobjekte

Unter den Malern gibt es sehr viele, die eine Vorliebe für den Wald hatten. Und auch zahlreiche Holzschnitzer waren darauf bedacht, ihr Werkstück so zu gestalten, dass die natürliche Form des Baums zur Geltung kommt. In vieler Hinsicht ist jeder Wald und jeder Baum ein eigenständiges Kunstwerk …

Einige Bäume heben sich durch ihre besondere Schönheit hervor und wurden daher als besonders sehenswert eingestuft. Sie besitzen außergewöhnliche Ausmaße, sind spektakulär gewachsen und schmücken sich mit gewaltigen Ästen. Sie sprechen die Herzen der Menschen an, wecken Emotionen und regen die Fantasie an – genau wie Kunstwerke.

Die einzelnen Teile eines Baums fördern die Kreativität: Die unterschiedliche Beschaffenheit der Rinde verleiht Farbtönen und Formen Muster, die mit den schönsten abstrakten Werken moderner Kunst vergleichbar sind. Die Borke der Birken *(Betula* ssp.) löst sich wie bei der Süß-Kirsche *(Prunus avium)* in Streifen ab. Bei anderen Bäumen, z. B. Platanen *(Platanus* sp.) oder dem Berg-Ahorn *(Acer pseudoplatanus),* blättert sie sich in Platten bzw. kleinen Schuppen ab. Einige Tiere tarnen sich perfekt, indem sie die einzelnen Details eines Baums, z. B. Rindenmuster oder Blattfärbung, auf vollendete Weise nachahmen. Meister der Mimikry sind bestimmte Gespenstschrecken, auch Wandelnde Blätter genannt, gefolgt von bestimmten Schmetterlingsarten und, nicht zu vergessen, dem Chamäleon.

In den Tropen schlingen sich Lianen um die Baumstämme. Windend oder kletternd wachsen sie den Stamm entlang, immer dem Licht entgegen. Andere Lianen wiederum erstrecken sich von Baum zu Baum, wie Fäden eines gigantischen Spinnennetzes. Während der Wald von Netzen durchzogen wird, gibt es auch Lianen, die im leeren Raum hängen und scheinbar darauf warten, dass ein Affe sie ergreift, um sich von Ast zu Ast zu schwingen.

Es gibt zahlreiche Pflanzen, sogenannte Epiphyten, die auf Bäumen wachsen, ohne sich jedoch wie Parasiten von ihrem Wirt zu ernähren. Die tropischen Wälder verdanken ihre Üppigkeit nicht zuletzt all den Farnen, Moosen und Orchideen, die auf Baumstämmen und in Asthöhlen wuchern. In unserer gemäßigten Klimazone sind auf Baumstämmen nur wenige Pflanzen, z. B. Moose oder Flechten, zu entdecken. Unter den Flechten sind es vor allem bestimmte Bartflechten, die, von Stämmen und Ästen herabhängend, auf den Nadelbäumen der Bergregionen anzutreffen sind.

Rechte Seite: Eine europäische Buche verliert ihre Borke.
Seite 104: Die Rinde dieser Ulme aus Missouri erinnert an ein Leopardenfell.
Seite 105: Die Rinde dieses Baums zeigt eine verblüffende Musterung.
Seite 106: Bei der Himalaya-Kirsche *(Prunus rufa)* löst sich die Borke in horizontalen Streifen ab – ein Merkmal, das vielen Kirschbäumen zu eigen ist.
Seite 107: Rinde des Florettseidenbaums *(Chorisia speciosa).*
Seite 108: Rinde einer Amerikanischen Espe *(Populus tremuloides).*
Seite 109: Die Rinde einer Chilenischen Araukarie, die gemeinhin als »Verzweiflung der Affen« bezeichnet wird.
Seite 110: Die Rinde dieses Eukalyptusbaums zeigt eine vielfältige Färbung.
Seite 111: Die Rinde einer Platane im kanadischen Ontario.
Seite 112: Rinde einer Wald-Kiefer.
Seite 113: Eine Kletterpflanze klammert sich an den Stamm eines Baums in Florida.
Seite 114: Die imposanten Luftwurzeln einer Würgefeige umschlingen einen Baumstamm.
Seite 115: Auf den Bäumen der tropischen Wälder wachsen zahlreiche Epiphyten.
Seiten 116/117: Roter Jadewein *(Mucuna benettii)* in einem Garten auf Hawaii.

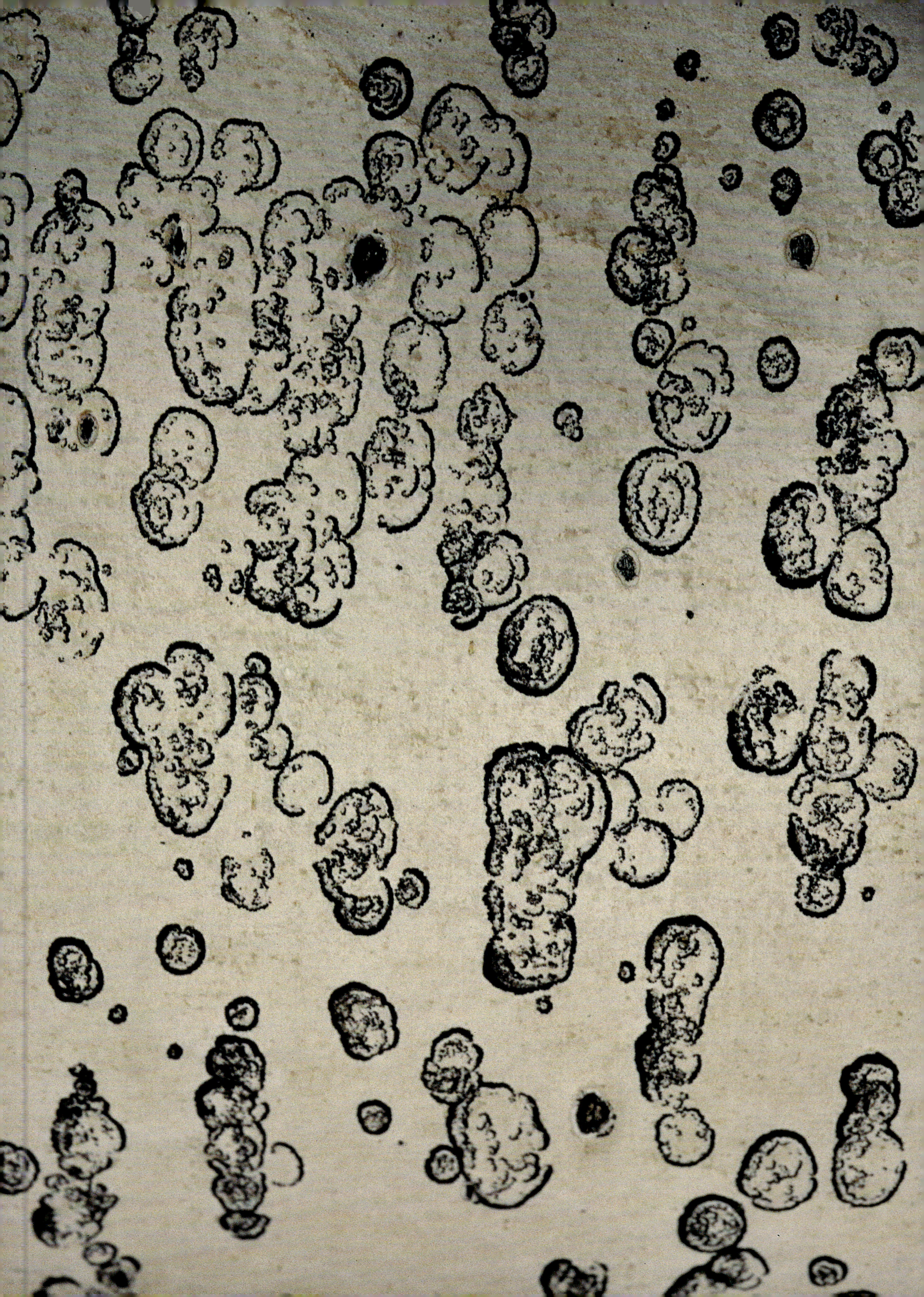

Besitzergreifende Bäume

Angesichts extremer Bedingungen und klimatischer Unwägbarkeiten wartet das Leben mit verblüffenden Tatsachen auf. Es gibt Pflanzen, denen ein kleiner Riss oder Spalt genügt, um ihr Wurzelgeflecht auszubilden und so ihr Überleben zu sichern.

Auf Geröllhalden, wo große Mengen von Steinen übereinander liegen, kann es einem Samen der Wald-Kiefer *(Pinus sylvestris)* bzw. der Hänge-Birke *(Betula pendula)* gelingen, seine Wurzeln in einer Mulde bzw. einem Spalt zu entwickeln und damit den Grundstein für eine Besiedlung zu legen. Dieses Phänomen wurde an Geröllhaufen periglazialen Ursprungs beobachtet (sogenannte »Chirats«*)*, die zum Landschaftsbild des bei St. Etienne gelegenen Naturparks Pilat gehören. In Südamerika gibt es Bäume, die auf einer steilen Felswand wachsen und ihre Wurzeln 40 Meter die Felsen nach unten ausbreiten, um an die Nährstoffe zu gelangen, die sie zum Überleben brauchen!

In der städtischen Landschaft gibt es Pflanzen wie die Acker-Winde oder den Götterbaum, denen es gelingt, sich einen Weg durch Risse in einer Betonplatte oder durch den Straßenasphalt zu bahnen. Im Lauf der Jahrhunderte können Bäume ganze Bauwerke erobern, bis diese völlig hinter einer undurchdringlichen grünen Wand verschwunden sind. So erging es beispielsweise den Tempeln der Maya und Inkas, die nach der Eroberung durch die Spanier aufgegeben und dann vom dichten Amazonaswald begraben wurden.

In Asien sind es die berühmten Tempel von Angkor in Kambodscha, die nach und nach von Bäumen in Besitz genommen wurden. Angkor, die verlassene Königsstadt der Khmer, war das Ziel zahlreicher Archäologen, bevor die UNESCO beschloss, dieses Weltkulturerbe restaurieren zu lassen. Angkor wurde im 9. Jahrhundert gegründet und durchlebte Zeiten blühenden Wachstums und Wohlstands. Die Stadt erstreckte sich mit ihrem Großraum vermutlich zeitweise über eine Fläche von mehr als 1000 Quadratkilometern und war bis zum 15. Jahrhundert die Hauptstadt des Königreichs der Khmer.

Der unaufhaltsame Niedergang von Angkor könnte durch Bodenerosion als Folge der intensiven Abholzung, die die Khmer betrieben, ausgelöst worden sein. Wie dem auch sei: Der tropische Regenwald hat jedenfalls seit dieser Zeit immer mehr Terrain zurückerobert, und die zahlreichen Tempel der ehemaligen Königsstadt haben nun wuchernde Bäume fest im Griff. Im 19. Jahrhundert durchkämmten westliche Forscher die verlassene Stadt, die auch das Opfer von Plünderern wurde. Lange Zeit war Angkor wegen der Rebellen der Roten Khmer unzugänglich. Heute jedoch erwacht es durch den Tourismus wieder zu neuem Leben.

Rechte Seite: Ein buddhistischer Tempel in Kambodscha aus dem 12. Jahrhundert, der dem Wurzelsystem eines Kapokbaums nichts entgegenzusetzen hat.
Seiten 120/121: Eine der alten Tempelanlagen in Angkor, die von den Moosen, Flechten und Bäumen des Urwalds vereinnahmt wird.
Seiten 122/123: Nach und nach gewinnen die Bäume die Oberhand über die Tempelruinen in der archäologischen Fundstätte in Angkor.
Seiten 124/125: Die Spitze eines Maya-Tempels, die den undurchdringlichen Regenwald Guatemalas noch überragt.

16

Versteinerte Bäume

Manche Bäume können uralt werden; sobald sie dann jedoch abgestorben sind und die Zersetzung beginnt, werden alle Spuren ihres langen Lebens ausgelöscht. Es gibt jedoch Ausnahmen, z. B. die ca. 200 Millionen Jahre alten versteinerten Baumstämme, die man in Arizona entdeckt hat. Diese steinharten Bäume findet man oft als Einzelexemplare, die jedoch in früheren Zeiten Bestandteile richtiger Wälder waren.

Die weltweit größte Ansammlung versteinerter Bäume findet sich im amerikanischen Petrified-Forest-Nationalpark. Weitere Fundorte liegen in Mexiko, in der Sahara und in Russland. Mit einer Länge von 40 Kilometern umfasst der Nationalpark in Arizona nur ein Zehntel seiner ursprünglichen Fläche, da die Bäume im Laufe der Zeit stark von Plünderern dezimiert wurden. Die versteinerten Bäume erhielten 1906 den Status eines »National Monument«, einer Art Schutzgebiet, bevor der Ort 1962 zum Nationalpark erklärt wurde. Sie liegen auf einem Plateau in 1500 Meter Höhe, in einem entlegenen Gebiet, wo das Risiko von Plünderungen geringer als anderswo ist.

Die Landschaft, die sich dem Betrachter eröffnet, ist überwältigend. Unzählige Baumstämme liegen über weite, kalte, karge Flächen verstreut. Bei näherer Betrachtung bemerkt man, dass die Stämme eine überraschende Farbvielfalt zu bieten haben. Unter der Sonne Arizonas erstrahlen sie in allen Farben des Regenbogens. So unglaublich es scheint, in Wirklichkeit bestehen diese Baumstämme aus Mineralien, die in der Sonne glänzen. Dieses Phänomen erklärt sich dadurch, dass die umgestürzten Bäume an diesem Standort unter Unmengen von Schlick und Schlamm begraben wurden. Als Folge davon kam das Holz nicht mit Sauerstoff in Berührung und konnte im Lauf der Zeit nie vollständig zersetzt werden. Hingegen drang kieselsäurehaltiges Grundwasser in das Holz ein, wo sich daraufhin Quarz und Chalcedon in die Hohlräume einlagerten und das Zellgewebe mit der Zeit ersetzten. Daher bestehen diese Baumrelikte zu 80 Prozent aus Quarz und besitzen eine erstaunliche Härte, die der von Diamanten gleichkommt.

Inmitten des Petrified-Forest-Nationalpark verdienen zwei Orte besondere Aufmerksamkeit: Crystal Forest und Jasper Forest mit ihrem sagenhaften Panorama. Der bekannteste versteinerte Baum ist wahrscheinlich »Agate Bridge«, der die Form einer Brücke aufweist. Die Bäume und Wälder der ganzen Erde haben auf diese Weise gewissermaßen ihre ideale letzte Ruhestätte gefunden, wo ihre Stämme bis in alle Ewigkeit erhalten bleiben.

Rechte Seite: Der Querschnitt dieses fossilen Baumstamms in Arizona zeigt eine verblüffende Farbvielfalt.
Seite 128: Aufrecht stehende versteinerte Baumstämme im amerikanischen Yellowstone-Nationalpark.
Seite 129: Versteinerte Holzstücke im Petrified-Forest-Nationalpark in Arizona. Die uralten Bäume bestehen aus Chalcedon (mikrokristallinem Quarz).
Seiten 130/131: Ein versteinerter Stamm, der als Brücke dient und der Abnutzung standgehalten hat.

Baumporträts: Die sieben Weltwunder

Der Ginkgo

Der Ginkgo ist wahrscheinlich der unglaublichste Baum des Pflanzenreichs und der einzige Vertreter der Familie der Ginkgoaceae. Seine herbstliche Schönheit, seine Robustheit, seine Geschichte und seine überraschenden Eigenschaften haben die Menschen von jeher verblüfft.

Seine Blätter haben die Form eines ausgebreiteten Fächers: Vielleicht kann man darin einen Hinweis auf sein Hauptverbreitungsgebiet in den asiatischen Ländern wie China, Korea oder Japan sehen? Im Herbst leuchtet sein Laub in schillernden Goldtönen: Wird er deshalb im Französischen als »arbre aux quarante écus«, also »Baum der 40 Taler«, bezeichnet? Der Geschichte nach bezieht sich dieser Name aber eher auf die Summe, die ein gewisser Herr de Pétigny aus Paris für einen der ersten Ginkgos zahlte, den er 1780 in England erwarb und dann nach Frankreich brachte.

Charles Darwin klassifizierte den Ginkgo als lebendes Fossil, und er ist in der Tat ein echtes Relikt, wahrscheinlich noch aus dem Karbon. Er ist somit der älteste Baum, an dem die geologischen Zeitalter spurlos vorübergingen! Seine größte Verbreitung erlebte er im Jura, der Zeit der Dinosaurier, wo er in der gesamten nördlichen Hemisphäre und bis nach Australien zu finden war. Seine weit in die Vergangenheit reichenden Ursprünge erklären auch, weshalb man ihn nicht in die heutigen Pflanzenfamilien einordnen kann. Er lässt sich weder als Laub- noch als Nadelbaum klassifizieren, gehört aber zusammen mit den Koniferen zu den Nacktsamern und weist einen sehr speziellen Fortpflanzungsmechanismus auf.

Ginkgos sind zweihäusig, d. h. männliche und weibliche Blüten stehen auf verschiedenen Pflanzen. Die weiblichen Pflanzen bringen die Früchte hervor, die kleinen, gelben Pflaumen ähneln. In diesen sind keine Samen enthalten, sondern unter der harten Schale findet sich direkt ein von Nährgewebe umgebener Embryo. Da der Ginkgo sein Laub abwirft, ist er im Winter seines einzigen Schmucks beraubt.

In Asien wurde *Ginkgo biloba* zu allen Zeiten sehr geschätzt und sein gelbliches Holz oft für den Bau von Altären oder Gerichtstischen verwendet. Aber der Ginkgo hält noch mehr Überraschungen bereit. Hiroshima 1945: Die Atombombe hat im Zentrum jegliches Leben ausgelöscht. Nur ein Ginkgospross, der aus dem ausgebrannten Stumpf eines Baums herauswächst, hat hier als Einziger diese Katastrophe ungeahnten Ausmaßes überlebt. Und jetzt ist es an den Chemikern, über die Eigenschaften einiger seiner Inhaltsstoffe zu staunen: Diese Entdeckungen scheinen den Weg für neue therapeutische Perspektiven freizumachen …

Rechte Seite: Die charakteristischen Blätter des Ginkgos erstrahlen in Goldgelb, genau wie Goldmünzen.
Seite 136: Ein goldener Teppich breitet sich am Fuße eines ehrwürdigen Ginkgos aus.
Seite 137: Dieser Ginkgo auf der japanischen Insel Hokkaido hat sein Sommerkleid angelegt.
Seiten 138/139: Die zartgrünen Blätter eines *Ginkgo biloba* aus der Volksrepublik China.

Die Libanon-Zeder

Die majestätische Libanon-Zeder *(Cedrus libani)* bietet mit ihren leicht bläulich schimmernden Nadeln einen stolzen Anblick. Dieser Baum hat seit der Antike sämtliche Zivilisationen im Mittelmeerraum geprägt.

Neben dem Libanon umfasst ihr natürliches Verbreitungsgebiet einen Teil des syrischen und türkischen Gebirges. An den Abhängen des Libanongebirges ist die Libanon-Zeder heute sehr selten geworden. Den bedeutendsten Bestand findet man in der türkischen Region Taurus. Seit der frühen Antike gilt das Holz der Libanon-Zeder praktisch als unverrottbar und wurde vornehmlich für die Konstruktion religiöser Gebäude verwendet. Auch in der Bibel wird diese Zedernart mehr als 100 Mal erwähnt. Unter anderem steht dort geschrieben, dass unter Salomon (1000 Jahre vor Christus) 80 000 Holzfäller für das Fällen der Zedern eingesetzt wurden, die man für den Bau des großen Tempels in Jerusalem benötigte. Während der ganzen Antike haben die Phönizier dieses Holz regelmäßig für den Bau ihrer Schiffe verwendet. Auch zahlreiche andere Völker, z. B. die Ägypter, begehrten das wertvolle Holz. Im Lauf der Jahrhunderte wurden die Wälder im Libanon, bedingt durch zahlreiche Kahlhiebe, immer kleiner, und die Kriege neueren Datums haben die Zedernwälder zu einem Bild des Jammers verkommen lassen.

Seitdem stehen die letzten Waldstücke im Libanon unter Naturschutz, so z. B. die berühmten »Zedern Gottes« (»Arz el Rab«) von Bscharre. In dieser verschneiten Region konnte die Zeder überleben und gedeiht bis in Höhen von 1200 bis 2000 Metern. Auch heute noch bringen die Libanesen der Zeder große Wertschätzung entgegen. Sie wurde zum Symbol des Lands erwählt und ziert die libanesische Nationalflagge. Bereits 1920 war in den Schriften der Gründerväter des modernen Libanon zu lesen: »Eine immergrüne Zeder gleicht einem ewig jungen Volk, trotz einer grausamen Vergangenheit. Obgleich unterdrückt, doch nie besiegt, steht die Zeder zum Zeichen der Einigkeit. Dadurch wehrt sie alle Angriffe ab.«

Leider ist den Zedernwäldern im Libanon sehr viel Schaden zugefügt worden, sodass ihr Schutz ständige Arbeit erfordert. Für ihre Verwandte, die ebenfalls im Mittelmeerraum beheimatete Atlas-Zeder *(Cedrus atlantica)*, sieht es nicht ganz so alarmierend aus. Im Atlasgebirge ist sie immer noch anzutreffen. Außerdem wurde sie ab dem Ende des 19. Jahrhunderts bei großflächigen Wiederaufforstungen in Frankreich gepflanzt, beispielsweise an den Abhängen des Mont Ventoux.

Rechte Seite: Im Libanon haben einige Zedern auf den Steilhängen der Gebirge überlebt. Ihre Äste geben den Blick auf die im Hintergrund liegenden Dörfer frei.
Seite 142: Die Nadeln der Zeder stehen in kleinen Rosetten und sind an der Zweigspitze von einem zarten Grün, im weiteren Verlauf kommt jedoch das charakteristische bläuliche Grün zum Vorschein.
Seite 143: Der stark abgerundete und mit Harz überzogene Zapfen einer Zeder in einem Landschaftspark in England.
Seiten 144/145: Der majestätische Wuchs dieser beiden Libanon-Zedern verleiht dem Privatgarten eines weitläufigen englischen Anwesens das gewisse Etwas.

Mammutbäume, die grünen Riesen Kaliforniens

Diese riesigen Bäume, die zum legendären »Gigantismus« der Amerikaner vortrefflich zu passen scheinen, findet man vor allem in Kalifornien. Sie werden auch als Sequoien bezeichnet, ein Name, der sich von dem des Indianerhäuptlings Seqouyah (1770–1843) ableitet, der die Cherokee-Schrift entwickelte. Es gibt zwei verschiedene amerikanische Mammutbaumarten, die um den Titel des größten bzw. des voluminösesten Baums der Welt konkurrieren.

Unter den Bergmammutbäumen *(Sequoiadendron giganteum)* in den USA finden sich zwei, die sich eine echte Schlacht unter Generälen liefern. Dies ist zum einen der Stolz des King's-Canyon-Nationalparks, der den Namen »General Grant« erhielt. Zum anderen ist es der 83 Meter hohe »General Sherman«, der die Attraktion des Sequoia-Nationalparks darstellt. Diese beiden Bergmammutbäume sind zwar nicht die höchsten Bäume der Welt, wohl aber die mit den dicksten Stämmen. Eine Bestimmung des Volumens in 81 Meter Höhe ergab bei »General Sherman« einen Wert von 1540 Kubikmetern, beim zweitplatzierten »General Grant« von 1340 Kubikmetern. Die diesbezüglich Ende des 19. Jahrhunderts entstandenen Meinungsverschiedenheiten konnten erst in der heutigen Zeit mithilfe von Lasermessinstrumenten beigelegt werden. Wie dem auch sei: Ihr Umfang beträgt an der Basis mehr als 25 Meter, wie es bei vielen anderen Bäumen dieser Art der Fall ist. Bei manchen dieser Bäume führt sogar eine Straße mitten durch den Stamm!

Dennoch hat eine andere Sequoienart den übrigen Mammutbäumen die Schau gestohlen. Im kalifornischen Humboldt State Park hielt ein immergrüner Küstenmammutbaum *(Sequoia sempervirens)* bis 2006 den Rekord des höchsten Baums der Welt. Er trägt den Namen »Stratosphere Giant« und maß damals exakt 112,87 Meter. Ein Rekord, der 2007 von »Hyperion«, einem Küstenmammutbaum im Redwood-Nationalpark, gebrochen wurde. Dieser wurde mittlerweile mit 115,55 Metern offiziell als höchster lebender Baum anerkannt. Mit seinen 115 Meter Höhe reicht »Hyperion« bis zur zweiten Etage des Eiffelturms.

Beide Mammutbaumarten können bis zu 3000 Jahre alt werden. Dennoch hält den Rekord in Bezug auf Langlebigkeit eine ganz andere Art, die Langlebige Kiefer *(Pinus longaeva)*. Diese in Felsregionen bis zu 3000 Meter Höhe beheimatete Kiefer kann über 4800 Jahre alt werden. Der erst kürzlich (2008) offiziell bestätigte Altersrekord gebührt jedoch einer Fichte in Schweden, die 9550 Jahre alt ist. Damit hat sie die über 4775 Jahre alte Langlebige Kiefer namens »Methuselah« entthront.

Rechte Seite: An einem Wintermorgen scheint die Sonne durch die gewaltigen Stämme schneebedeckter Mammutbäume hindurch.
Seite 148: Drei prachtvolle Bergmammutbäume wachsen in einem kalifornischen Nationalpark an einer Wegbiegung in den Himmel.
Seite 149: Die faserige Rinde älterer Bergmammutbäume ist sehr dick und schützt sie gut vor Waldbränden. Im Gegensatz dazu sind normalgroße Arten viel empfindlicher gegen Brände.
Seiten 150/151: Manche Nadelgehölze erreichen ihre maximale Höhe im Schatten der grünen Riesen des Sequoia-Nationalparks in Kalifornien.
Seiten 152/153: Ein Blick auf den Stamm der über 4700 Jahre alten »Methuselah«-Kiefer.

Die Süntel-Buchen des Faux de Verzy

In Frankreich befindet sich eines der sieben »Waldweltwunder« – die weit verbreitete Baumart *Fagus sylvatica*, besser bekannt als Rot-Buche. Mitten in der Champagne, unweit von Reims, findet man im Wald von Verzy die erstaunlichsten Exemplare dieser Art, die als Süntel-Buchen bezeichnet werden und eine Unterart der Rot-Buche darstellen.

Die Bezeichnung »Faux de Verzy« sowohl für den Wald als auch für diese Bäume sollte nicht zu dem Schluss verleiten, dass es sich nicht um echte Rot-Buchen handelt. Der Begriff »faux«, der normalerweise »unecht, falsch« bedeutet, leitet sich in diesem Fall von der lateinischen Bezeichnung »fagus« für Buche ab. Die gekrümmten Süntel-Buchen mit ihren fremdartigen Formen, die den Eindruck erwecken, als würden sie sich in alle Richtungen verbiegen, scheinen sich genetisch leicht von »normalen« Rot-Buchen zu unterscheiden. Dennoch wachsen sie inmitten völlig normal geformter Rot-Buchen und gehören auch zu dieser Art. Angesichts dieser verformten Bäume zermartert man sich schon den Kopf und fragt sich: »Rot-Buche oder nicht Rot-Buche, das ist hier die Frage.« Denn es ist nicht ganz einfach, echte von »falschen« Buchen, also Hainbuchen, zu unterscheiden.

Um eine Rot-Buche identifizieren zu können, muss man die Unterschiede zur Hainbuche *(Carpinus betula)* kennen: Die elliptischen bis eiförmigen Blätter der Hainbuche haben gesägte Ränder, während die der Rot-Buche eher eiförmig sind, einen gekerbten oder welligen Rand besitzen und winzige Härchen aufweisen.

Die meisten dieser gewundenen Süntel-Buchen sind vermutlich durch Ableger oder Wurzelbrut entstanden, stammen also ohne vorherige Befruchtung direkt von einem Exemplar mit denselben Eigenschaften ab. Wie dem auch sei: Sowohl Spaziergänger als auch Wissenschaftler staunen gleichermaßen, wenn sie den Wald von Verzy durchqueren. Die bizarren Formen von über 800 Süntel-Buchen (Stand 1998) können hier bewundert werden. Zwar findet man diese gekrümmten Bäume auch in Deutschland, Dänemark, Skandinavien und anderen Teilen Frankreichs – Verzy weist jedoch weltweit die größte Dichte an Süntel-Buchen auf.

Zahlreiche Geschichten ranken sich um die Süntel-Buchen von Verzy: So sollen beispielsweise die Mönche der nahe gelegenen Abtei Saint-Basle einen ganzen Garten dieser Bäume durch Stecklingsvermehrung geschaffen haben. Einer anderen Geschichte zufolge fuhren die französischen Könige durch den Wald von Verzy, wenn sie von ihrer Krönung in Reims kamen. Selbst Johanna von Orléans soll diesen Ort besucht haben, und in ihrem Heimatdorf Domrémy soll eine einzelne Süntel-Buche gestanden haben. Dieser geheimnisumwitterte Baum wird übrigens auch einige Male im Verlauf von Johannas Hexenprozess genannt.

Rechte Seite und Seiten 156–159: Diese Süntel-Buchen im Faux de Verzy wurden alle nach der gewundenen Form ihrer Stämme benannt. Es sind der Reihe nach: »Demoiselle« (Jungfer), »Marcottin«, »Tourment« (Qual) und »Serpent« (Schlange).

Die Affenbrotbäume von Morondava

Wer kennt sie nicht, die Affenbrotbäume oder Baobabs? Diese Bäume mit ihrem besonderen Aussehen sind für ihre Stämme mit dem gigantischen Umfang von bis zu 38 Metern berühmt. Jeder dieser Bäume entwickelt seine eigene unvorhersehbare Wuchsform: Manche sehen aus wie Flaschen, andere wie Teekannen oder Totenköpfe. Willkommen in der Welt des Unglaublichen, dem wir als Betrachter nur staunend gegenüberstehen können!

Baobabs findet man in Afrika und Australien, auf Madagaskar sind sie jedoch die uneingeschränkten Herrscher. Diese Insel birgt zahlreiche ökologische Schätze, von denen vor allem die Affenbrotbäume die schönsten Landschaftsbilder zaubern. Auf der Straße von Morondova nach Belo-sur-Tsiribihina bilden beispielsweise 100 Baobabs eine Allee, die den würdevollen Rahmen für eine Piste aus Erde und Staub liefert. Mit dieser Umrahmung aus majestätischen Bäumen verdient sie zu Recht, als eine der schönsten Straßen weltweit bezeichnet zu werden! Besonders bei Sonnenuntergang erstrahlt sie in einer bewegenden Einfachheit.

Genau die Art, die die Straße von Morondava säumt, also *Adansonia grandidieri*, erreicht unter den Baobas die größte Höhe. Doch obgleich das Holz nur von mittelmäßiger Qualität ist, sind diese Bäume vom Aussterben bedroht.

Die am weitesten verbreitete Affenbrotbaumart, *Adansonia digitata*, findet man in 31 Ländern der afrikanischen Savanne. Besonders häufig tritt sie in Senegal auf. Den Glauben, der Affenbrotbaum sei ein vom Teufel verkehrt herum eingepflanzter Baum, verdankt der Baobab seinem spärlichen, dünnen Geäst, das im blattlosen Zustand tatsächlich Wurzeln ähnelt. Diese schöpfen nach Auffassung der Afrikaner ihre Energie aus dem Himmel. Bei der einheimischen Bevölkerung findet der Baobab unterschiedliche Verwendung, vor allem in der traditionellen Heilkunst: Blätter, Samen und Früchte besitzen alle ihre besonderen Eigenschaften. Aus der Rinde werden sogar Seile hergestellt, während der mit Wasser vermischte Pollen eine Art Klebstoff ergibt. Die Blüten hingegen werden von Bienen sehr geschätzt, die daraus den beliebten Baobabhonig herstellen, der im Geschmack unserem Kastanienhonig ähnelt.

Adansonia gibbosa ist eine Affenbrotbaumart, die nur in Australien vorkommt. In diesem Land fanden die Baobabs eine merkwürdige Bestimmung: Ihre großen, hohlen Stämme wurden teilweise als Gefängnis verwendet, wobei die Hohlräume mit Gitterstäben versiegelt wurden. Ein weiterer erwähnenswerter Verwendungszweck der Baobabs, dieses Mal aus Südafrika: Die Bewohner eines Dorfs machten daraus einen Pub, in dem sie auf das Wohl dieser alten und hoch geschätzten Bäume anstoßen.

Rechte Seite: Zu Füßen zweier Baobabs arbeiten Bauern in Morondava auf ihren Reisfeldern.
Seite 162: In der Nähe von Morondava halten sich zwei Baobabs seit Jahrhunderten eng umschlungen und erhielten deshalb den Namen »Verliebte Baobabs«.
Seite 163: Diese beiden Baobabs scheinen ihre Baumkronen im blauen Himmel von Morondava zu vereinen.
Seiten 164/165: Bei Sonnenuntergang wird der Heimweg vom Markt auf der Straße von Morondava für die beiden Afrikanerinnen sehr angenehm.

LEVI'S

Die Eukalyptusbäume Australiens

Weltweit gibt es etwa 500 Eukalyptusarten, die alle ursprünglich aus Australien, Tasmanien und Indonesien stammen. Gegen 1770 entdeckten die ersten Europäer mit großem Staunen die riesenhaften Bäume, die sie wegen ihrer bläulich schimmernden Blätter als »blaue Gummibäume« bezeichneten. Diese Art wird heute noch als »Blaugummibaum«, wissenschaftlich *Eucalyptus globulus*, bezeichnet und war die erste Eukalyptusart, die 1802 nach Frankreich importiert wurde.

Charakteristisch für den Eukalyptus sind seine Blätter, die sich je nach Alter des Baums verändern. Die Blütenknospen sind vor dem Aufbrechen von einem festen Deckel bedeckt, also gut versteckt. Darauf nimmt der Name »Eukalyptus« Bezug, denn »eu« bedeutet im Griechischen »schön, gut«, »kalyptos« »verborgen«. Mit zunehmendem Alter löst sich die Rinde oft in Streifen ab und bringt bisweilen verblüffende Farbschattierungen zum Vorschein.

Manche Eukalyptusbäume können eine Höhe von 100 Metern erreichen, was sie zu direkten Konkurrenten der in Kalifornien beheimateten Mammutbäume macht. Gegenwärtig scheint es jedoch keinen Eukalyptus zu geben, der den Weltrekord von 115 Metern brechen könnte. Es gibt aber Gerüchte, dass Ende des 19. Jahrhunderts in Tasmanien ein Eukalyptus gefällt wurde, der 132 Meter hoch war. Von diesen mittlerweile verschwundenen Giganten zeugen noch einige bis heute erhaltenen Stammstücke, die einen Umfang von über 30 Metern aufweisen. Es lässt sich jedoch nicht leugnen, dass Eukalyptusbäume in puncto Wachstumsgeschwindigkeit bei den Gehölzen die Rekordhalter sind: Der Bambus wächst zwar noch schneller, gehört aber zu den Gräsern und damit zu einer anderen Pflanzengruppe. Ein junger Eukalyptus kann in fünf Jahren 30 Meter Höhe zulegen, bei günstigen Bedingungen sogar zehn Meter pro Jahr!

Da der Eukalyptus einen sehr großen Wasserverbrauch hat, wurde er anfangs zur Trockenlegung von Sumpfgebieten eingesetzt und somit auch zur Bekämpfung bestimmter Krankheiten wie Malaria. Dies war z. B. zur Zeit des Goldrauschs in Kalifornien der Fall. Besonders in Portugal wurde Eukalyptus auch industriell zur Papierherstellung angebaut. In einigen afrikanischen Ländern dienen Eukalyptusbäume als Lieferanten für Brennholz für die zahlreichen Haushalte der Großstädte. Auch in Brasilien wurden unzählige Eukalyptusbäume angepflanzt, um Gebiete aufzuforsten, die wegen der sich immer weiter ausbreitenden Landwirtschaft abgeholzt worden waren.

Doch auch der Eukalyptus hat seine Grenzen. Er verträgt keine starke Kälte und ist aufgrund seiner hochbrennbaren Öle extrem feuerempfindlich. Das erklärt auch, weshalb der Versuch, den Eukalyptus in Südfrankreich anzupflanzen, aufgrund der dort regelmäßig auftretenden Waldbrände und der außergewöhnlichen Frostperiode im Jahre 1984 scheitern musste.

Rechte Seite: Ein Eukalyptusstamm mit außergewöhnlichen Farbtönen, der sich in den Himmel Hawaiis reckt.
Seite 168: Zahlreiche Farne und andere Pflanzen gedeihen in diesem Unterholz, das durch die Regenbogenfarben der Eukalyptusrinde aufgelockert wird.
Seite 169: Verschneite Eukalyptusbäume auf dem Mount Wellington im australischen Tasmanien.
Seiten 170/171: Ein Regenschauer hat auf den jungen Blättern eines Blaugummibaums in Südafrika einige Wassertropfen hinterlassen.

Die Mangroven der Gezeitenwälder

Die Mangrovensümpfe sind ganz besondere Waldgebiete, die sich an die extremen Bedingungen in den Flussmündungen und Deltas der Zone zwischen den Wendekreisen angepasst haben. Die Pflanzen, meist Gehölze, müssen mit dem gewaltigen Kommen und Gehen der Gezeiten sowie dem hohen Salzgehalt des Wassers fertig werden. Die Könige der Mangrovensümpfe sind zweifelsfrei die außergewöhnlichen Mangrovenbäume.

Als Mangrove werden mehrere verschiedene Arten bezeichnet, wobei *Rhizophora mangle* auch als Rote, *Avicennia germinans* als Schwarze, *Avicennia marina* als Graue und *Laguncularia racemosa* als Weiße Mangrove bekannt sind. Das hervorstechende Merkmal der Mangroven ist ihr Wurzelsystem, das an den hohen Salzgehalt des Wassers angepasst ist. Der sumpfige Boden, in dem sie wachsen, enthält nur sehr wenig Sauerstoff und ist ein unsicherer Standort. Daher bildet z. B. die Rote Mangrove sogenannte Stelzwurzeln aus, die dem Stamm entspringen und die Pflanze auf dem schlickreichen Untergrund stabilisieren. Eine andere Anpassung sind Atemwurzeln, die entgegen der Schwerkraft nach oben wachsen, zumindest bei Ebbe Luftkontakt haben und so die unterirdischen Teile zusätzlich mit Sauerstoff versorgen können.

Auch andere morphologische Anpassungen machen diese Bäume zu einer Rarität. So vermehren sich z. B. Schwarze, Graue und Rote Mangroven durch Viviparie. Dabei reift der Keimling bereits in der Frucht auf Baum heran und bildet schon dort Wurzeln, Spross und Blätter, bevor er sich mitsamt Frucht vom Baum löst. Er fällt dann entweder auf die Erde und wurzelt dort ein oder wird vom Wasser fortgetragen, um eine weiter entfernte Stelle zu besiedeln! Die Blätter der Weißen Mangrove besitzen außerdem Drüsen, über die sie überschüssiges Salz abgeben können. Dieses setzt sich dann in Form von weißen Kristallen am Blattansatz ab, ein Phänomen, dem die Weiße Mangrove ihren Namen verdankt.

In der Umgebung dieser mit dem Meer lebenden Bäume hat sich ein ganzes Ökosystem entwickelt. Unter Wasser finden bestimmte Krabben- und Fischarten, darunter Schlammspringer, zwischen den Wurzelgeflechten einen idealen Platz zum Überleben. Außerhalb des Wassers sind die Mangroven der letzte Zufluchtsort für bestimmte Tiere, z. B. für den Bengalischen Tiger in Indien und Bangladesch. In seiner Gesamtheit spielt das Ökosystem Mangrovenwald eine sehr wichtige Rolle in den tropischen Küstengebieten, weil es die Auswirkungen von Sturmfluten abschwächt und die Verschlammung der Korallenriffe verhindert. Im Gegenzug verbessern die Riffe die Wachstumsbedingungen der Mangroven, da sie die Brandung brechen. Das Verschwinden zahlreicher Mangroven hat sich daher als sehr bedenklich erwiesen: Das harmonische Gleichgewicht der Ökosysteme der tropischen Küsten ist in Gefahr.

Rechte Seite: Unterwasseransicht einer neuseeländischen Mangrove, wo Krabben und Fische Zuflucht finden.
Seite 174: Junge Mangroven in den Gewässern eines kalifornischen Nationalparks.
Seite 175: Luftwurzeln einer Würgefeige an einer Roten Mangrove in einem Golf von Costa Rica.
Seiten 176/177: Die Stelzwurzeln der Mangroven sind derart miteinander verflochten, dass sie am Ufer eines australischen Nationalparks wahre Schutzschilde bilden.

Menschen in den Wäldern

Urwaldbewohner

Auch heute noch leben zahlreiche Eingeborenenstämme mitten in den tropischen Urwäldern, wo sie bisher vom Rest der Menschheit unentdeckt geblieben sind. Der Wald ist einer der letzten Orte, an dem sie überleben können, doch die Folgen der Abholzung beginnen auch sie allmählich zu spüren.

Zahlreiche Indianerstämme bewohnen den undurchdringlichen Urwald des Amazonas. In Brasilien war der Stamm der Waura zeitweise vom Aussterben bedroht, da er als Folge einer Masernepidemie im Jahre 1950 nur noch ungefähr 100 Mitglieder aufwies. Aufgrund einer Impfkampagne erholte sich die Population jedoch wieder, sodass man 2001 333 Stammesangehörige zählen konnte. Der Stamm lebt in einem Dorf aus kreisförmig angeordneten Hütten inmitten des Amazonasurwalds. Einer Stammeslegende nach soll der erste Mensch aus einem mannshohen Baumstumpf entstanden sein, dem Leben eingehaucht wurde. Diese Waldbewohner stellen qualitativ hochwertige Töpferwaren, Masken für rituelle Anlässe sowie reich verzierte Körbe her.

Die bekannteste Völkergruppe in den Wäldern Afrikas sind wahrscheinlich die Pygmäen, deren Körpergröße 150 Zentimeter nicht überschreitet. In den tropischen Wäldern Zentralafrikas leben 50 000 Pygmäen, die unterschiedlichen Gruppen wie den Mbuti, Aka, Baka oder Twa angehören. Sie sind allesamt Jäger und Sammler, d. h. sie bestellen kein Land und halten keine Nutztiere. Die Pygmäen bauen sich provisorische Unterkünfte in Form von Laubhütten, in denen sie auf Rindenstreifen schlafen. Leider werden sie oft von Holzfirmen aus ihrem Lebensumfeld vertrieben. Aufgrund der fortschreitenden landwirtschaftlichen Nutzung des Bodens wird der Lebensraum der Pygmäen immer knapper.

In Süd- und Südostasien findet man Völker, die aufgrund ihrer geringen Größe den Pygmäen sehr ähnlich sind. Von den spanischen Siedlern wurden sie »Negritos« genannt, was so viel wie »kleine Schwarze« bedeutet. Genau wie die Pygmäen sind auch diese Menschen Jäger und Sammler. Auf den Philippinen leben zahlreiche dieser Völker, darunter beispielsweise die Batak, während man in Thailand nur die Mani findet. Auch Malaysia ist die Heimat einiger kleinwüchsiger Völker, z. B. der Semang, die aus Baumrinde, die sie im Wald sammeln, ihre Kleidung herstellen.

Die ungefähr 1000 verschiedenen Stämme der Papua in Neuguinea leben nicht ausschließlich als Jäger und Sammler. Die Landwirtschaft hat sie vom Wald unabhängiger gemacht.

Rechte Seite: Ureinwohner des brasilianischen Urwalds fahren in ihrem Einbaum den Amazonas hinauf.
Seite 182: Die Papua in Neuguinea schmücken sich mit Baumblättern, um zum Rhythmus der Trommeln zu tanzen.
Seite 183: Ein Pygmäe, dessen Gruppe im Grenzgebiet zwischen Kamerun und der Republik Zentralafrika lebt, bei der Jagd.
Seiten 184/185: Im Herzen des kongolesischen Urwalds errichten Pygmäenfrauen Hütten aus dem Laub der Bäume und bemalen die Gesichter ihrer Kinder mit einem schwarzen Saft, der aus einer bestimmten Frucht gewonnen wird.
Seiten 186/187: Kinder vom Stamm der Waura im tropischen Amazonaswald Brasiliens.

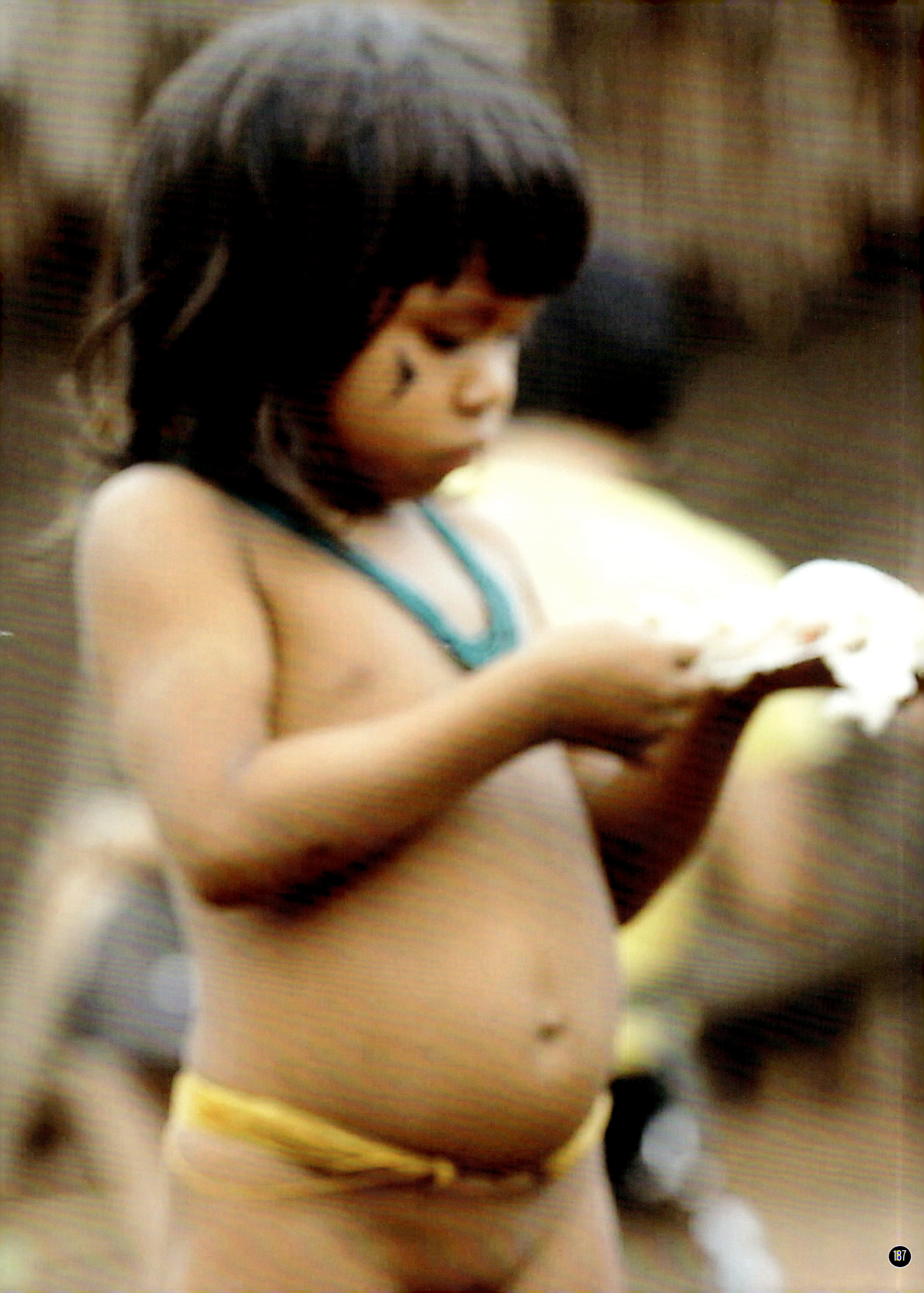

Rodende Mönche und Eremiten

Zu Beginn der Verbreitung des Christentums in Europa bedeutete die religiöse Berufung neben der Priesterweihe die Wahl zwischen einem Leben als Mönch in einer Klostergemeinschaft oder als Eremit außerhalb der weltlichen Gesellschaft.

Das Leben als Eremit brachte den Rückzug an einen entlegenen Ort, häufig mitten im Wald, mit sich. Ein Eremit führte ein asketisches Dasein und widmete sich voll und ganz dem Gebet und der Meditation. Meist blieb er in seiner vom Zufall bestimmten Unterkunft, der sogenannten Eremitage oder Einsiedelei. Er lebte von der Nahrung, die er im Wald fand, vor allem aber von den Almosen, die ihm von Besuchern, gläubigen Menschen oder Pfarrern aus nahe gelegenen Orten gebracht wurden.

Im frühen Mittelalter entschieden sich viele junge Menschen für das Klosterleben. Zu dieser Zeit wurden zahlreiche Abteien gegründet, sehr oft an Orten, die von vornherein wenig einladend wirkten, z. B. die Abteien von Cîteaux oder Clairvaux. Die Mönche lebten in einer Gemeinschaft und erledigten gemeinsam die täglichen Pflichten und Stundengebete. Manche Äbte wie der hl. Bernhard besaßen sehr viel Einfluss, selbst in den höchsten Kreisen der Kirche. Da die Mönche den Kontakt zur Außenwelt pflegten, erfuhren sie auch von der Existenz von Feenbäumen bzw. heiligen Bäumen. Um diesen heidnischen Kult auszurotten, fällten sie unzählige Bäume. Der Hauptgrund für die Rodungen war jedoch die Erschließung neuer Anbaugebiete. Indem sie an diesen Aktionen, die die Ernährungssituation der Bevölkerung verbessern sollten, aktiv teilnahmen, erlangten sie sehr schnell den Ruf, »rodende Mönche« zu sein.

Das Kloster »La Grande Chartreuse« (»Die Große Kartause«) befindet sich im französischen Alpenvorland, in großer Höhe und fernab jeder menschlichen Behausung. Im 11. Jahrhundert hatte der hl. Bruno von Köln dieses Bergmassiv zur Gründung einer Einsiedelei ausgewählt. Eines der Merkmale dieses Klosters ist es, dass jede Mönchszelle mit einem kleinen Garten verbunden ist. Im umgebenden Wald trifft der überraschte Wanderer an Wegbiegungen oft auf eine Kapelle bzw. eine verlassene Eremitage. Sie zeugen noch immer davon, dass die Mönche damals regelmäßig einige Monate im Wald in einer Eremitage verbrachten, um neue Energie zu schöpfen. In genau diesem Wald sammelten die Mönche der Großen Kartause die unterschiedlichsten Pflanzen für die Herstellung des Chartreuse genannten Kräuterlikörs, der sie in frostigen Winternächten wärmte.

Rechte Seite: Der Gebäudekomplex des Klosters La Grande Chartreuse erhebt sich in über 1000 Meter Höhe am Fuß eines Felsmassivs im Alpenvorland.
Seiten 190/191: Mönche der Großen Kartause durchstreifen die Bergwiesen und benachbarten Wälder auf einem ihrer wöchentlichen Ausflüge.

Holzfäller und Köhler

Lange Zeit war der Wald das Sinnbild für Gefahr. Es war äußerst riskant, sich an diesen Ort zu begeben, wo wilde Tiere hausten und dazu noch alle Arten von Fantasiewesen. Der Wald war und ist der Aufenthaltsort von Räubern und Wegelagerern. Aus diesem Grund war jeder, der im Wald lebte, für die Mitmenschen Furcht einflößend.

Die Holzfäller und Köhler mit ihren oft rußgeschwärzten Gesichtern bildeten da keine Ausnahme. Diese – sehr oft bärbeißigen! – »Waldmenschen« zogen ein Leben in der Einsamkeit und außerhalb der Gesellschaft vor. Ihre oft imposante Gestalt jagte den Dorfbewohnern Angst ein. Doch diese Männer, die ihr Leben inmitten des Walds fristeten, entsprachen nur äußerlich dieser Vorstellung.

Die Holzfäller setzten für ihre Arbeit zuerst Äxte ein und brachten den Baum zum Schluss mithilfe von Keilen und Vorschlaghämmern zu Fall. Begleitet wurden sie von Zugtieren, um die Baumstämme aus dem Wald zu transportieren: Ochsen oder Pferde der Rassen Percheron bzw. Boulonnais. Die Mechanisierung in der Holzwirtschaft begann im 19. Jahrhundert, als in den USA die ersten Motorsägen auftauchten. Heute ist der Beruf des Holzfällers vom Aussterben bedroht: Er wird immer mehr von den großen Rodungsmaschinen verdrängt, die mit ihren Gelenkarmen die Bäume wie Getreidehalme ausreißen.

Für die Handhabung der Langsägen waren zwei Männer notwendig, die auf diese Weise die Stämme zersägen konnten. Diese Sägemethode war weit verbreitet, obwohl es an den Flussufern Sägewerke gab, die mithilfe von Wasserkraft das Holz schnitten. Die kleinen Sägemühlen befanden sich meist in den Gebirgstälern, um möglichst nah an dem von ihnen verarbeiteten Rohstoff zu sein.

Die Köhler schließlich verarbeiteten das minderwertige Restholz, um daraus Holzkohle herzustellen. Dazu wurde aus Holzscheiten, Reisig und Spänen ein kegelförmiger Haufen mit Feuerschacht errichtet und komplett mit Moos, Gras und Erde luftdicht abgedeckt. Diese Schicht bewirkte, dass das Holz langsam verkohlte und nicht verbrannte. In den tropischen Regionen, wo Holzkohle eine wichtige Rolle im Leben der ärmeren Bevölkerungsschichten spielt, wird diese Methode auch heute noch eingesetzt.

Rechte Seite: In den tropischen Wäldern werden ausschließlich wertvolle Baumarten abgeholzt. In den asiatischen Wäldern ist die Abholzungsrate mit 60 bis 90 Prozent am höchsten, z. B. in Borneo und Malaysia.
Seite 194: Ein malaysischer Waldarbeiter bereitet die Stämme für den Abtransport vor.
Seite 195: Für die ärmeren Bevölkerungsschichten Madagaskars ist die Herstellung von Holzkohle oft die einzige Einnahmequelle.
Seiten 196/197: In der Umgebung eines brasilianischen Nationalparks stapeln zwei Köhler Holz zur Herstellung von Holzkohle aufeinander.
Seiten 198/199: Dieser Holzfäller in einem Wald auf Borneo hat über einen Baumriesen triumphiert.

Kork-Eiche, Strand-Kiefer und Parakautschukbaum

Die Kork-Eiche *(Quercus suber)* ist eine Mittelmeerart, deren charakteristisches Merkmal die mehrere Zentimeter dicke Korkrinde ist. Bei der ersten Ernte erhält man den sogenannten »männlichen Kork«, der von minderwertiger Qualität ist und zur Herstellung von Korkplatten verwendet wird. Die folgenden Ernten liefern den »weiblichen Kork«, der für Weinkorken verwendet wird. Kork besitzt gute wärme- bzw. schallisolierende Eigenschaften. Marokko, Algerien, Spanien und Portugal liefern neun Zehntel des weltweiten Korkertrags, mit 100 000 Arbeitsplätzen in der Produktion von Flaschenkorken. Kork-Eichen kommen natürlicherweise auch in Frankreich, Italien und Tunesien vor, wo jedoch nur in geringem Umfang Kork gewonnen wird. Ein Hektar Korkeichenwald erbringt rund 500 Kilogramm Kork im Jahr und speichert in derselben Zeit beinahe zwei Tonnen Kohlendioxid.

Beim sogenannten Anzapfen wird die Gewöhnliche Strand-Kiefer *(Pinus pinaster)* durch eine gezielt vorgenommene Verletzung dazu angeregt, Harz abzusondern, ein natürliches Sekret, das die Heilung des Baums fördert. Dieses Harz, das unter anderem Terpentin enthält, wurde bereits von den Römern verwendet. Der Zapfer setzt einen senkrechten Schnitt, um ein Stück der dicken Kiefernrinde zu entfernen und den Harzfluss in Gang zu bringen. Mit einem am Baum befestigten Gefäß wird das Harz aufgefangen. Es wird vorwiegend zur Herstellung von Lösungsmitteln verwendet, die besonders für die Farbenherstellung gebraucht werden. Diese Lösungsmittel werden heute in zunehmendem Maße synthetisch hergestellt, sodass das Anzapfen der Kiefern immer mehr in den Hintergrund tritt. Zwar gibt es in Portugal und Marokko immer noch Zapfer, die das Harz auf diese Weise gewinnen, in Frankreich ist dieser Berufszweig jedoch so gut wie ausgestorben.

Der Amazonas-Parakautschukbaum *(Hevea brasiliensis)* wird wegen seines Milchsafts (Latex) angebaut, aus dem Kautschuk hergestellt wird. Sein wissenschaftlicher Name lässt vermuten, der Baum stamme ausschließlich aus Brasilien. Sein natürliches Verbreitungsgebiet erstreckt sich aber über Peru, Bolivien und Kolumbien, also den gesamten Amazonaswald. Man findet ihn in zahlreichen tropischen Regionen, vor allem in Südostasien, aber auch in einigen afrikanischen Ländern, z. B. Liberia, wo sich die größte Kautschukplantage der Welt befindet. Der größte Kautschukproduzent bleibt jedoch Asien, das 95 Prozent des weltweiten Kautschukbedarfs deckt: 75 Prozent davon stammen aus Malaysia, Thailand und Indonesien.

Rechte Seite: Korkernte an einer Eiche in Santana do Mato bei Coruche in Portugal.
Seite 212: In einem spanischen Kiefernwald wird in einem im Einschnitt befestigten Gefäß Harz aufgefangen, das zur Terpentingewinnung verwendet wird.
Seite 213: An einem jungen Amazonas-Parakautschukbaum beginnt ein malaysischer Arbeiter mit der Latexgewinnung.
Seiten 214/215: Latexgewinnung auf einer Plantage in Thailand.

Kopfbäume und Bäckerkiefern

»Was für ein schöner Kopf!«: Wer möchte schon glauben, dass sich dieser Ausruf auf einen Baum bezieht? Sogenannte Kopfbäume mit ihrer ganz besonderen Wuchsform finden sich in zahlreichen Regionen.

Unter einem Kopfbaum versteht man einen Baum, dessen Krone gekappt wurde und der dann einen regelmäßigen Schnitt erhält: Die Äste werden ungefähr alle fünf bis zehn Jahre zurückgeschnitten. Auf diese Weise bekommt der Baum seine ganz spezielle Wuchsform mit einem relativ kurzen Stamm, der am Ende eine Verdickung aufweist, auf der die jungen Triebe wachsen und auf ihren nächsten Schnitt warten. Dieses Köpfen erinnert an einen Niederwald, in dem die Bäume alle 10 bis 30 Jahre großflächig gefällt werden und der sich dann über Stockausschläge regeneriert. Ein Kopfbaum besteht aus einem Stamm, der an der Spitze geköpft wurde und dort genau wie ein Niederwald neu austreibt. Er ist also im Prinzip ein Niederwald im Kleinen in einer gewissen Höhe über dem Boden.

Bei einem Kopfansatz in mindestens 150 Zentimeter Höhe befinden sich die jungen Zweige außerhalb der Reichweite von Pflanzenfressern, z. B. Ziegen, die oft ganz begierig auf die jungen Triebe sind. Unter dem Begriff »Kopfbaum« kann man noch andere Baumformen, die regelmäßig geschnitten werden, einordnen. Eine weitere, häufig anzutreffende Schnittmethode besteht z. B. darin, ausschließlich die senkrecht nach oben wachsenden Äste zurückzuschneiden, während die seitlich wachsenden stehen gelassen werden. Bei einer etwas seltener praktizierten Methode werden die jungen Triebe, die den zahlreichen, in Form eines Kerzenleuchters angeordneten Hauptästen entspringen, abgeschnitten.

Kopfbäume sind charakteristische Bestandteile der Bocage, einer Knicklandschaft in der Normandie: Meist handelt es sich hierbei um Silber-Weiden *(Salix alba)*, Bruch-Weiden *(Salix fragilis)*, Eschen *(Fraxinus* ssp.), Stiel-Eichen *(Quercus robur)* und Hainbuchen *(Carpinus betulus)*. Je nach Durchmesser werden die abgeschnittenen Triebe für viele Zwecke verwendet, z. B. Korbwaren, Werkzeuggriffe, Brennholz. Im französischen Loiretal an der Grenze zu Velay und Forez wird eine Baumart beschnitten, um die Zweige als Brennholz für die Holzöfen der Bäcker zu verwenden. Dabei handelt es sich um die Wald-Kiefer *(Pinus sylvestris)*, auf Französisch auch »Pin à Boulange«, also »Bäckerkiefer«, genannt. Wie bei fast allen Nadelhölzern entwickeln diese Kiefern nach dem Schnitt einen ungewöhnlich gekrümmten, gewundenen Wuchs.

Rechte Seite: Jahrestriebe an einer Silber-Weide nach dem regelmäßigen Schnitt des »Kopfs«.
Seite 218: Einmaliger Kopfbaumwald auf den weiten Ebenen Hollands.
Seite 219: Nebelverhüllte Kopfbäume vor dem Straßburger Münster.

Bäume und Wälder: Reservoir der Biodiversität

Der boreale Wald

Wenn man sich den Polarregionen der nördlichen Hemisphäre nähert, bestehen die auch Taiga genannten Wälder fast ausschließlich aus Nadelgehölzen. In diesem Klima gedeihen überwiegend einige Kiefern- und Fichtenarten, da die Vegetationsperiode im Sommer sehr kurz und der karge Boden oft gefroren ist. Die an dieses Biotop angepassten Bäume wachsen sehr langsam und entwickeln Stämme mit nur geringem Durchmesser, stehen jedoch in dichten Beständen. Einige wenige Laubbäume wie Birken und Weiden lockern die ansonsten recht eintönig erscheinenden Wälder stellenweise etwas auf.

Die subarktischen Waldgebiete scheinen sich ins Unendliche zu erstrecken, von Sibirien über Skandinavien bis zu den weiten Flächen Kanadas. Der strenge Frost, der in diesen Regionen herrscht, erschwert die Entwicklung der Wälder, und der Pflanzenbewuchs wird durch das Gefrieren der oberen Bodenschichten auf eine harte Probe gestellt. Natürlich ist auch für die Tierwelt ein Überleben in diesen Gebieten sehr hart. Zahlreiche Vogelarten leben Seite an Seite mit bestimmten Säugetieren wie Schneehase, Elch und Rentier bzw. Karibu. Zu den wenigen Großraubtieren, die sich an die extremen Klimabedingungen anpassen konnten, zählen Wölfe, Luchse und Polarfüchse.

Man schätzt, dass sich die nördlichen Waldgebiete über eine Fläche von ungefähr einer Milliarde Hektar erstrecken, das entspricht in etwa der Ausdehnung des tropischen Regenwalds. Weiter nördlich geht die mit Bäumen bewachsene Taiga allmählich in die Tundra über. In dieser im Wesentlichen mit Flechten, Moosen, Gräsern und Zwergsträuchern bewachsenen Zone gedeihen Zwergbirken und Zwergweiden, die mit einer durchschnittlichen Höhe zwischen fünf und zehn Zentimetern die wahrscheinlich kleinsten Bäume der Welt sind. Aufgrund der extremen Witterungsbedingungen sind krautige Pflanzen in dieser Region sehr selten anzutreffen.

Bemerkenswert ist, dass in den Bergregionen der gemäßigten Zonen einige Pflanzen heimisch sind, die man auch in den nördlichen Gebieten vorfindet. So erinnert die subalpine Stufe mit ihren Krummholz-Kiefern an die Taiga mit ihren dichten Nadelwäldern, in denen die Baumstämme nur einen geringen Durchmesser aufweisen. In der alpinen Stufe mit ihren Gesteinrasen kommen bisweilen Arten wie die Kraut-Weide *(Salix herbacea)* vor, die auch in der Tundra anzutreffen sind. Die Wälder der Taiga werden zum Teil holzwirtschaftlich genutzt, ihr größter Teil ist jedoch noch vor menschlichen Eingriffen sicher. Die aktuelle Bedrohung durch die Erderwärmung lässt den Schluss zu, dass diese Wälder durch das rücksichtslose Handeln der Menschen unaufhaltsam dem Untergang geweiht sind.

Rechte Seite: Im Grenzgebiet zwischen der Mongolei und der kleinen russischen Republik Tuva ziehen Nomaden auf ihren Rentieren durch die Nadelwälder.
Seite 224: Ein borealer Wald aus Schwarz-Fichten umrahmt das Ufer eines kleinen Teichs in einem Nationalpark der kanadischen Provinz British-Columbia.
Seite 225: Im strengen russischen Winter sind die Bäume stets von einer Eisschicht überzogen.
Seiten 226/227: Polarlichter leuchten am Sternenhimmel über der Taiga in einem kanadischen Nationalpark.

Der mediterrane subtropische Wald

Der Mittelmeerraum weist ein spezielles Klima auf, an das sich nur bestimmte Pflanzen anpassen konnten. Wie in Kalifornien und Australien, die außer Sonne und Stränden keine Gemeinsamkeiten haben, handelt es sich dabei um eine subtropische Zone mit Hartlaubwäldern.

Hartlaubwälder bestehen oft aus Bäumen mit kleinen Blättern, eine geniale Anpassung, um den Wasserverlust über die Blätter zu reduzieren. Von allen Bäumen, die für die mediterrane Pflanzenwelt charakteristisch sind, hat sicherlich der Olivenbaum das Leben der Menschen im Mittelmeerraum am nachhaltigsten beeinflusst. Für die Griechen, Ägypter und Hebräer war er ein heiliger Baum und mit Olivenöl wurden nicht nur die Könige Israels, sondern auch die französischen Herrscher gesalbt. In der Bibel kehrt nach der Sintflut eine von der Arche ausgesandte Taube ein paar Tage später mit einem Olivenzweig im Schnabel zu Noah zurück. Dieser Olivenzweig, der das Ende der Katastrophe kennzeichnete und zum Symbol des Friedens wurde, ziert heute die Flagge der Vereinten Nationen.

Die mediterranen Hartlaubwälder setzen sich je nach Ausgangsgestein aus verschiedenen Arten zusammen. Auf Silikatböden gedeihen vor allem Kork-Eichen und Strand-Kiefern, unter die sich hier und da einige Korsische Schwarz-Kiefern mischen. Auf Kalkgestein wachsen hingegen eher Stein-Eichen und Aleppo-Kiefern. Die ursprünglichen Wälder sind schon lange zum großen Teil den Bedürfnissen der Menschen zum Opfer gefallen. An ihrer Stelle entstanden etwa drei Meter hohe Buschwälder, Macchie genannt. Bei fortschreitender Degradierung entsteht daraus die Garigue, eine Zwergstrauchvegetation.

Diese Waldform ist im Ganzen gesehen wenig produktiv und außerdem einer erhöhten Brandgefahr ausgesetzt. Allerdings gibt es mit der Strand-Kiefer eine Art, deren Anbau sich z. B. auf der Iberischen Halbinsel als wirtschaftlich interessant herausgestellt hat. In Portugal und Spanien sind mit Erfolg Eukalyptusbäume angepflanzt worden, die im Wesentlichen Holz für die Papierindustrie liefern. Schließlich gibt es noch die Atlas- bzw. die Libanon-Zeder, die ebenfalls zu den wenigen mediterranen Arten zählen, deren Holz von ökonomischem Interesse ist.

Diese Art von Wäldern findet man auch in anderen subtropischen Gebieten unserer Erde, z. B. an den Küsten Kaliforniens und Australiens. In Australien herrscht der Eukalyptus vor, sowohl in den ursprünglichen Wäldern als auch auf den Plantagen. Leider wird der australische Primärwald heute in großem Umfang zerstört, um dort Palmölplantagen anzulegen bzw. andere Ölpflanzen anzubauen. Die Zerstörung durch Menschenhand, der die so selten gewordenen subtropischen Wälder ausgesetzt sind, nimmt beängstigende Ausmaße an.

Rechte Seite: Überschwemmter Wald während der Regenzeit an den Wangi Falls im australischen Litchfield-Nationalpark.
Seite 230: Ein Eukalyptuswald im Westen Australiens.
Seite 231: Der Egmont-Nationalpark auf der Nordinsel Neuseelands.
Seiten 232/233: Der Wald von Otway Range in Australien.

Wälder der gemäßigten Breiten

Die sommergrünen Wälder der gemäßigten Breiten finden sich auf der nördlichen Halbkugel, vor allem in Europa und den USA, wo in den Ebenen Laubbäume vorherrschen. Der europäische Wald setzt sich in Gebieten mit ozeanischem Klima hauptsächlich aus Trauben- und Stiel-Eichen sowie Rot-Buchen zusammen. In Nordamerika sind die beiden am weitesten verbreiteten Arten die Weiß- und die Rot-Eiche.

Je weiter man nach Norden bzw. in größere Höhen gelangt, desto mehr Nadelbäume tauchen auf, anfangs noch in Mischwäldern. Nach und nach nimmt der Bestand an Koniferen immer weiter zu, bis man in großer Höhe nur noch Nadelgehölze antrifft. Europäische und amerikanische Tannen stehen Seite an Seite mit Fichten, europäischen Lärchen, Douglasien und amerikanischen Kiefern.

Anfangs profitierten die Wälder der gemäßigten Breiten von einem Klima, das auch eine Forstbewirtschaftung ermöglichte. In der Folge betrieb man in den westlichen Gesellschaften die Forstwirtschaft in großem Stil und forstete leere Flächen in großem Maßstab auf. Gerade während des Mittelalters und der Französischen Revolution wurden die Wälder stark, bisweilen sogar exzessiv, bewirtschaftet. Innerhalb von 150 Jahren verdoppelte Frankreich seine Waldflächen. Der Wald wurde in großem Stil genutzt, z. B. in Form von gleichförmigen Hochwäldern, oft Monokulturen, die drastische Verjüngungshiebe erforderlich machten, die kahle Böden zurückließen. Im Gegenzug pflanzten Förster Baumbestände, die nach Alter und Art gemischt waren, um auf diese Weise Kahlschläge zu verhindern und das biologische Gleichgewicht möglichst zu bewahren. Abgesehen von einem harmonischer wirkenden Landschaftsbild haben Mischwälder den Vorteil, unempfindlicher gegen Schädlinge und Unwetter zu sein.

Auch die Wälder der gemäßigten Breiten stellen eine ökologische Herausforderung dar, selbst wenn sich ihre vernünftige Bewirtschaftung eventuell als nachhaltig erweist. Diese Herausforderung sollte sich auf die Biodiversität fokussieren, d. h. auf den Schutz und die Bewahrung bedrohter Arten. In vielen westlichen Ländern ist bereits festzustellen, dass ein Großteil der Großraubtiere aus dem Ökosystem Wald verschwunden ist. Vielerorts wurden Wölfe, Bären und Luchse ausgerottet, was die Hirsch- und Rehpopulationen dramatisch aus dem Gleichgewicht brachte: Die Zahl der großen Pflanzenfresser, die in jungen Baumpflanzungen erheblichen Schaden anrichten, ist explosionsartig gestiegen.

Doch trotz dieses ökologischen Ungleichgewichts ist der Wald der gemäßigten Breiten weltweit noch am wenigsten gefährdet. Davon zeugt seine gleichmäßige, sichtbare Ausdehnung.

Rechte Seite: Ein Mischwald aus Laub- und Nadelbäumen säumt das Ufer eines Bachs.
Seite 236: Am Herbstanfang nehmen die Lärchen allmählich einen warmen Goldton an, wie hier in einer Schlucht in den italienischen Alpen.
Seite 237: Ein bayrischer Wald, in dem sich verschiedene Herbstfarben mit den dunklen Nadeln der Koniferen vermischen.
Seiten 238/239: Selbst im Schatten alter Bäume gedeihen junge Nadelbäume. Aufgrund des unterschiedlichen Alters lassen sich Kahlhiebe vermeiden, bei denen ganze Bestände abgeholzt werden.

Der trockene Tropenwald

Als echter Übergangswald zum feuchten Tropenwald wird der trockene Tropenwald von zwei sehr unterschiedlichen Jahreszeiten geprägt. In der Regenzeit ist das Laub grün und üppig, um dann in der Trockenzeit abzusterben und abzufallen. Doch wo fängt der trockene Tropenwald an und wo hört er auf? Oft wird die Baumsavanne bereits dem trockenen Tropenwald zugeordnet.

Da er bei Weitem nicht so dicht wie der feuchte Tropenwald ist, weist der trockene Tropenwald am Boden eine Grasschicht auf, die für Mensch und Tier interessant ist. Während der Trockenperiode legen die Menschen systematisch Feuer, um den Wald zu roden. Dies ist der Grund, weshalb der trockene Tropenwald zunehmend verschwindet und bedroht ist: Er kann dem wirtschaftlichen Druck, der von den im Aufschwung befindlichen afrikanischen und asiatischen Regionen ausgeht, nicht standhalten.

Vor allem Akazien, Baobabs und Schibutterbäume wachsen in diesen bedrohten afrikanischen Trockenwäldern. Im Lauf der Zeit haben diese Wälder schon sehr viel Fläche eingebüßt und sind zu Wüstengebieten geworden. Heute wird der Boden in der Trockenzeit nicht mehr durch den Schatten verstreut stehender Bäume vor der sengenden Sonne geschützt. In der Regenzeit ist er den starken Niederschlägen schutzlos ausgeliefert, die alles mit sich fortreißen. Der Bedarf der verarmten Bevölkerung an landwirtschaftlich nutzbarem Boden scheint langfristig den Fortbestand dieses Walds sowie das Überleben zahlreicher Tierarten, z. B. Giraffen, Antilopen, Löwen und Leoparden in Afrika sowie Pumas und Jaguare in Amerika, zu gefährden.

Mittlerweile findet sich trockener Tropenwald in den afrikanischen Tropen und Mexiko, im Norden Brasiliens und in Zentralindien. Bisweilen entwickeln sich, beispielsweise auf Madagaskar, spontan Nadelwälder, die eine Weile gegen äußere Eingriffe geschützt sind. Da die ansässige Bevölkerung einige Baumarten, z. B. Schibutterbaum und Baobab, auf vielfältige Weise in der traditionellen Medizin sowie für die Ernährung verwendet, bleibt die Hoffnung, dass diese Menschen darauf bedacht sind, diese nützlichen Bäume zu schützen.

Außerhalb der Tropen gibt es einige subtropische Wälder, die ebenfalls dem Wechsel zweier Jahreszeiten unterworfen sind: Es handelt sich um dichte Regenwälder, deren Überleben ebenfalls bedroht ist, und zwar aus ähnlichen Gründen wie das der trockenen Tropenwälder. Diese Regenwälder zeichnen sich durch eine sehr kurze Trockenzeit aus und finden sich noch in winzigen Teilen Asiens, an den Flanken des Himalayas und seiner Vorgebirge, im Osten Australiens sowie in einigen Winkeln der Anden in Südamerika. Diese stark rückläufigen Wälder verdienen einen wirksamen Schutz, der ihre Besonderheit auch in Zukunft erhält.

Rechte Seite: Luftbild einer Elefantenherde sowie einiger Baobabs in der Savanne eines südafrikanischen Nationalparks.
Seite 242: Einzigartiger Wald aus Köcherbäumen *(Aloe dichotoma)* in Namibia.
Seite 243: Ein Exemplar der Art *Boscia senegalensis* in den kargen Trockengebieten Kenias.
Seiten 244/245: Sonnenaufgang in der Savanne über einem Köcherbaum, dessen Triebe in Namibia zur Herstellung von Köchern dienen.

Der tropische Regenwald

Willkommen im erstaunlichsten, üppigsten, abwechslungsreichsten und dichtesten Wald der Erde, der auch als Äquatorialwald oder Tropenwald bezeichnet wird.

Besonders bemerkenswert machen ihn der hoch entwickelte Schichtaufbau aus Bäumen verschiedener Größe, Sträuchern, Moosen, Farnen und Bodendeckern sowie die hohe Artenvielfalt. Vom amerikanischen Amazonasbecken über Afrika bis nach Asien erstrecken sich die verschiedenen Tropenwälder über mehrere Kontinente. Sie setzen sich aus mindestens 10 000 unterschiedlichen Baumarten zusammen, und man schätzt, dass allein die Hälfte aller auf der Erde lebenden Tier- und Pflanzenarten in diesen Wäldern vorkommen.

In einem Hektar Wald finden sich durchschnittlich 100 bis 200 verschiedene Baumarten, in den Wäldern von Borneo und Malaysia sind es sogar 300. Mahagonibäume, Ebenholz, Okume und Sipo wachsen in Afrika, während Teak- und Rosenholz aus Asien bzw. Amerika stammen. Manche Bäume, beispielsweise der Kapokbaum, bilden sogenannte Brettwurzeln, die ihnen eine besondere Standfestigkeit verleihen. Bei anderen, wie dem amerikanischen Kakaobaum, entwickeln sich die Blüten direkt am Stamm.

Die Tropenwälder sind Heimat zahlloser Pflanzenarten. Von vielen kennt man die Eigenschaften und Merkmale, doch die meisten bergen noch ihre Geheimnisse. Auf einer Fläche von 40 Hektar wurden an die 1500 Pflanzen gezählt! Hinzu kommen noch 400 Vogel- und 150 Schmetterlingsarten, die miteinander um die schillerndste und exotischste Färbung konkurrieren. Die Insektenwelt wurde bis heute noch nicht vollständig erforscht und studiert. Zurzeit untersuchen Wissenschaftler die sogenannte obere Kronenschicht, d. h. das Hauptkronendach der Bäume in ca. 40 Meter Höhe, mit ihrer ganz besonderen, bislang noch unbekannten Tierwelt.

Auch Großsäuger wie die Gorillas in Afrika, die Tiger und Elefanten in Asien und die Orang-Utans auf Borneo sind im Tropenwald zu Hause. Leider verschwindet der Lebensraum vieler dieser Tiere immer schneller, da Abholzungen u. a. zur Gewinnung landwirtschaftlicher Nutzflächen immer stärker zunehmen. Einige Tierschützer, die in unmittelbarer Nähe dieser großen Säugetiere leben, kämpfen für die Erhaltung des tropischen Regenwalds und vermitteln somit einen Funken Hoffnung für den Schutz dieser gefährdeten Arten.

Rechte Seite: Im üppigen Unterholz der sogenannten grünen Hölle des tropischen Dschungels finden sich Farne und Lianen.
Seite 248: Die ständigen Niederschläge ergießen sich über eine *Protea*-Blüte in einem Regenwald an den Berghängen eines südafrikanischen Nationalparks.
Seite 249: Auf den Seychellen bilden einige Tropenbäume, z. B. Mangroven, die im salzhaltigen Wasser der Küstengebiete gedeihen, sogenannte Stelzwurzeln aus.
Seiten 250/251: Ständiger Nebel umgibt den Regenwald, vor allem in der Nähe von Wasserläufen wie dem Rio Tabacon, einem Fluss in Costa Rica, der sich am Fuß eines Vulkans entlangschlängelt.

Der Wald und seine Bedeutung für die Umwelt

Wald und Erde

Wälder bedecken ein Drittel unserer Erdoberfläche. Da die Bodenbeschaffenheit je nach Klima und Ausgangsgestein variiert, haben sich die verschiedenen Baumarten an alle Arten von Böden angepasst: Einige bevorzugen einen kalkhaltigen Untergrund, während andere nur auf sauren Böden gedeihen, die aus silikathaltigem Ausgangsgestein entstanden sind.

Der Boden ist ein Übergangsort für mineralische und organische Materie, und die Bäume tragen durch ihr verrottendes Laub bzw. Holz einen wesentlichen Teil dazu bei, dass dies alles funktioniert. Die meisten Bäume leben in Symbiose mit Pilzen, sogenannter Mykorrhiza, um einen möglichst großen Nutzen aus dem Boden zu ziehen, auf dem sie wachsen.

Je reicher der Boden, desto größer ist die Vielfalt der darauf wachsenden Arten. Und je mehr Arten vorhanden sind, umso stärker ist die Erde mit Humus angereichert, der aus den verschiedenen Blättern entstanden ist. In Europa setzen sich einige Förster für Mischwälder ein, um eine Verbesserung der Bodenbeschaffenheit zu erzielen: Sie stellen sich damit gegen die noch immer weit verbreitete Politik der Aufforstung mit Monokulturen, die eine wenig abwechslungsreiche, bei manchen Nadelbäumen bisweilen sogar saure Streu produzieren.

Der Bodenaufbau, der über Jahrhunderte entstanden ist, wird durch radikale Hiebe aus dem Gleichgewicht gebracht. Bei einem Kahlhieb besteht die Gefahr, dass die Humusauflage, die sich im Lauf der Zeit gebildet hat, verloren geht, besonders wenn das Terrain abschüssig ist. Manche Förster vermeiden daher Kahlhiebe und beschränken sich beim Fällen auf hiebreife Bäume. Auf diese Weise bleiben Bäume jeglichen Alters erhalten, und der Fortbestand ist gesichert. Außerdem werden Erosion und der Verlust von Nährstoffen vermieden.

In den tropischen Regionen ist Erosion ein noch größeres Problem, da das sehr warme und regenreiche Klima die Verarmung der abgeholzten Böden beschleunigt: Die Eröffnung einer mitten durch den Urwald verlaufenden Forststraße kann für den bloßen Boden schnell verheerende Folgen haben. Gleiches gilt für die von Landwirten in den Tropen gelegten Feuer. Diese ökologischen Aspekte sind von herausragender Bedeutung, da die tropischen Regenwälder ein Quell einer unvergleichlichen Artenvielfalt sind, nämlich so gut wie der Hälfte aller bekannten Tier- und Pflanzenarten. Verschwinden diese Wälder, verarmen die Böden schneller und stärker als irgendwo sonst auf der Welt.

Rechte Seite: Die riesigen, mit Moos bewachsenen Wurzeln eines alten Baums in Deutschland.
Seite 256: Die Sol-Duc-Wasserfälle im amerikanischen Olympic-Nationalpark.
Seite 257: Auf einem Baumstamm wachsen türkisfarbene Pilze.

Wald und Feuer

Wenn der Wald einen Feind hat, dann ist es zweifellos das Feuer: Nur zu gut kennt man die Bilder von Landschaften mit verbrannter Erde und verkohlten Bäumen, die ein Feuer hinterlassen hat. Die oft durch ein Versehen entstandenen Waldbrände finden sehr schnell das passende Terrain, um sich auszubreiten, und ihr Fortschreiten ist überwältigender, als man sich vorstellt. Anfangs ist es ein einfacher Bodenbrand, der die niedrigen Pflanzen und Sträucher erfasst; dann gelangt das Feuer bis in die Baumkronen und durch die Explosion einiger Zapfen können die Feuerzungen sogar auf die Abhänge eines gegenüberliegenden Tals überspringen.

Feuer können jedoch auch bewusst durch Menschenhand gelegt werden, beispielsweise bei Brandrodungen, die häufig auch der landwirtschaftlichen Nutzung der so gewonnenen Felder dienen (Zuckerrohr in Brasilien oder Reis auf Madagaskar). Bei diesem sogenannten Wanderfeldbau wird die gesamte natürliche Vegetation abgebrannt, deren Asche den Boden düngt und für einige Jahre fruchtbar macht. Ist der Boden nach ein paar Jahren des Anbaus ausgelaugt, werden die Felder aufgegeben und die nächste, weiter entfernt liegende Anbaufläche wird abgebrannt. Diese in tropischen Ländern beliebte Vorgehensweise ist wahrscheinlich einer der Hauptgründe für die Abholzung der Wälder.

Erstaunlich ist, wie gut sich bestimmte Pflanzenarten gegen das Feuer schützen können. Die im Mittelmeerraum beheimatete Kork-Eiche besitzt z. B. eine besonders dicke Rinde, genauer gesagt eine sehr dicke Borke. Sie bietet dem Stamm einen viel besseren Schutz gegen die in dieser Region häufig auftretenden Waldbrände als es bei anderen Bäumen der Fall ist. Der Mensch entfernt diese Borke zur Gewinnung von Kork, ein Rohstoff, der einmal besonders in der Weinproduktion sehr geschätzt war, in der die Naturkorken jedoch leider immer mehr durch Plastikkorken ersetzt werden. Die Korkgewinnung ist eine Kunst: Die erste, raue, rissige und uninteressante »männliche« Korkschicht der jungen Bäume wird vorsichtig entfernt, damit sich dann der sehr feine, glatte und homogene »weibliche« Kork bilden kann. Die Bäume werden das erste Mal im Alter von etwa 15 Jahren geschält und können dann bis in ein Alter von 100 bis 150 Jahren alle paar Jahre abgeerntet werden.

Auch ein anderer Baum spielt gern mit dem Feuer. Es handelt sich um den Bergmammutbaum, ein riesiger Nadelbaum, der in Nordamerika beheimatet ist und eine beeindruckende Höhe erreichen kann. Seine Baumkrone bleibt von Bodenbränden unberührt und seine dicke Rinde schützt den Stamm vor Feuer. Was aber am besten ist: Durch die Hitze des Feuers öffnen sich seine Zapfen und setzen die Samen für die zukünftige Baumgeneration frei. Während die anderen Bäume durch den Waldbrand zerstört werden, finden die Samen des Bergmammutbaums ideale Bedingungen vor, um sich entwickeln zu können.

Rechte Seite: Ein Feuer setzt einen bewaldeten Hügel in Kalifornien in Flammen. Wird die natürliche Regeneration der kalifornischen Bergmammutbäume durch die entstehende Hitze begünstigt?
Seite 260: Massive Brandrodungen entlang einer Straße durch das brasilianische Amazonasgebiet.
Seite 261: Ein weiß glühender Baumstumpf im Amazonaswald in der Nähe einer Farm, die Holzhandel betreibt und Brandrodungen vornimmt. Die brasilianische Regierung hat Probleme, die illegalen Aktivitäten unter Kontrolle zu halten, die sie leider durch ihre Straßenbauprojekte und Agrarreformen noch fördert.

Wald und Wasser

Wie alle Lebewesen benötigt ein Baum Wasser zum Leben. Seine Wurzeln dringen in noch so kleine Zwischenräume im Boden ein, um an das lebenswichtige Element zu gelangen. Während das Wasser in den Boden einsickert, wird es mit Nährstoffen angereichert, die der Baum für sein Gedeihen benötigt. Während der Wachstumsperiode entzieht ein Baum dem Boden täglich durchschnittlich 200 Liter Wasser, während eine Pappel an sehr heißen Tagen bis zu 800 Liter Wasser pro Tag aufnimmt.

Die Schwarz-Erle *(Alnus glutinosa)*, die an Wasserläufen wächst, bildet seltsame Samen. Sie entstehen in den Früchten dieses Laubbaums, den Zapfen, die eher Nadelbaumzapfen gleichen! Die Samen dieser Zapfen sind mit kleinen Luftpolstern ausgestattet, die es ihnen ermöglichen, auf dem Wasser zu schwimmen. Dieser Baum, der an Gewässerrändern wächst, übergibt also dem Wasser die Verantwortung für die Ausbreitung seiner Samen weiter flussabwärts.

In Frankreich fanden die ersten großen Wiederaufforstungen unter Napoleon III. statt, nachdem in den Jahren 1856 bis 1860 schwere Überflutungen das Land verwüstet hatten. Der Grund für diese Katastrophen lag allem Anschein nach bei den übermäßigen Rodungen. Das Ergebnis dieses »Umweltbewusstseins« waren dann die Wiederaufforstungen, die vor allem in den Bergen stark vorangetrieben wurden.

Das Forstwesen entwickelte sich so prächtig, dass in Frankreich unter Philipp dem Schönen (Philipp IV.) bereits im Jahre 1291 eine erste Form einer Forstverwaltung ins Leben gerufen wurde. Nach der Französischen Revolution wurde mit der Forstverwaltung auf Anregung Napoleons ein zentrales Kontrollinstrument geschaffen. Seit den 1960er-Jahren existiert diese nicht mehr, doch bleibt der Name dieser alten Institution für alle Zeiten in Erinnerung.

Heute sorgen die Wälder für ganz andere Geschichten rund ums Wasser! Eine der polemischsten ist wahrscheinlich die über den sauren Regen. Zur Erinnerung: Ende der 1980er-Jahre wurden die Wolken, die aus den Industriegebieten der Ostblockländer herüberzogen, für den sauren Regen verantwortlich gemacht. Es ist gewiss nicht von der Hand zu weisen, dass durch die Luftverschmutzung ganze Wälder vernichtet wurden, die sich in unmittelbarer Nähe der betreffenden Industriegebiete befanden. Dies war z. B. in der ehemaligen Tschechoslowakei der Fall. In der darauffolgenden Zeit wurde dieses Baumsterben in Deutschland und in Frankreich in den Vogesen beobachtet und es entstand der Begriff des »sauren Regens«. Doch die daraufhin durchgeführten Studien zeigten, dass diese Art der Luftverschmutzung maximal in einem Umkreis von 60 Kilometern solche Auswirkungen haben konnte. Es stellte sich im Folgenden heraus, dass vor allem das in den Vogesen beobachtete Waldsterben eine Folge mehrerer Trockenperioden war: Könnte man sie als Vorboten einer globalen Erderwärmung ansehen?

Rechte Seite: Bäume erhalten die Uferböschungen der Wasserläufe und Flüsse, wie hier am Rhein in der Nähe von Xanten in Deutschland.
Seite 264: Wer ist für das Absterben dieser Bäume im Westen von North Carolina verantwortlich? Die Luftverschmutzung oder eher die Erderwärmung?
Seite 265: Diese abgestorbenen und völlig entnadelten Bäume in Kanada bilden einen seltsamen Skelettwald.

Wald und Luft

Wer hat sich nicht schon einmal durch den Wind, der mit den Blättern eines 100-jährigen Baums spielt, zum Träumen verführen lassen? Dabei erklingt nicht immer die gleiche Melodie. Die Zitter-Pappel *(Populus tremula)* beispielsweise verdankt ihren Namen den im Wind erzitternden Blättern. Bei näherer Betrachtung stellt man fest, dass die Blätter einen plattgedrückten Blattstiel besitzen, der auf den Druck, der vom Wind ausgeübt wird, empfindlich reagiert.

Der Wind sorgt für die Verbreitung von Baumsamen, die sich wie bei der Linde in geflügelten Fruchtständen befinden oder, wie bei den meisten Nadelbäumen, selber geflügelt sind. Diese Besonderheit ermöglicht es Bäumen mit leichten Samen, sich über große Entfernungen hinweg auszubreiten und so als Erste noch unbewaldete Flächen zu besiedeln. Im Gegensatz dazu breiten sich Bäume mit schweren Samen, z. B. Eichen oder Rot-Buchen, auf einer relativ geringen Fläche aus, da der Wind ihre Samen nicht transportieren kann.

Der Wind kann sich aber auch gegen die Bäume wenden und schwere Narben hinterlassen, beispielsweise nach Unwettern. Je nach Stärke können diese nur einige Bäume oder gleich ganze Wälder zerstören. Ein Orkan vernichtet mit seiner Gewalt alles, was sich ihm in den Weg stellt: Er entwurzelt und knickt ganze Bäume um und hinterlässt ein Bild der Verwüstung.

Die Orkane Lothar und Martin haben eine ganze Förstergeneration sowie die Einwohner Westeuropas geprägt. Am 26. Dezember 1999 brach der Orkan Lothar über den Norden Frankreichs herein, bevor er die Schweiz und Deutschland heimsuchte. Er erreichte Geschwindigkeiten von bis zu 250 Kilometern pro Stunde und ließ Nadelwälder unter sich wie Kartenhäuser einstürzen. Laubbäume blieben eher verschont. Da sie zu dieser Zeit unbelaubt waren, boten sie dem Wind eine viel geringere Angriffsfläche. Gleich am darauffolgenden Tag verwüstete der Orkan Martin Spanien, Südfrankreich, Korsika und Norditalien.

Als Folge dieser ökologischen Katastrophe setzen sich zahlreiche Menschen dafür ein, in Zukunft keine Pflanzungen mit Bäumen gleicher Art und gleichen Alters mehr vorzunehmen. Dieser Empfehlung folgten leider so gut wie keine Taten, obwohl sie schon einige Jahre zuvor von Förstern, die sich der Gefahr dieser Art der Waldbewirtschaftung bewusst waren, gegeben wurde: Die Mehrzahl der Förster forstete nach wie vor Monokulturen zumeist aus Nadelbäumen auf. Wie viel Zerstörung können unsere Wälder noch vertragen, bevor ihr Schutz durch eine Politik umweltbewusster Wiederaufforstung in die Tat umgesetzt wird?

Rechte Seite: Die geflügelten Fruchtstände der Linde werden durch den Wind verbreitet.
Seiten 268/269: In sehr exponierten Lagen werden die Bäume vom Wind so geformt, dass sie wie dieser Weißdorn im englischen Lake District wie eine Fahne aussehen.
Seite 270: Der Orkan Katrina hat auf seinem Weg entlang der Küste Louisianas nichts verschont. Aber was ist aus den 100-jährigen Bäumen geworden, die diese schöne Allee säumten?
Seite 271: Eine Bananenplantage, die der Orkan Larry buchstäblich »umgenietet« hat. In Australien hat der Mensch zahlreiche Primärwälder zerstört, um dort Bananen-, Zuckerrohr- oder Palmölplantagen anzulegen.

Der Wald als Kohlenstoffquelle

Wie alle Pflanzen werden auch Bäume in der Nahrungskette zu den Produzenten gezählt. Und tatsächlich wird in der Pflanzenwelt Kohlendioxid bei der Photosynthese zum Aufbau von organischen, also kohlenstoffhaltigen Verbindungen verwendet, ohne die die Entwicklung sämtlichen Lebens auf der Erde nicht möglich gewesen wäre. Anders als die Mehrzahl der Pflanzen, die schnell absterben und den gebundenen Kohlenstoff an die Atmosphäre abgeben, bilden Bäume Holz und haben eine lange Lebenserwartung, die zwischen 20 und 5000 Jahren liegt! Nun besteht Holz aber aus organischen Verbindungen, die sich im Lauf der Jahre gebildet haben: In einem Wald sind daher durchschnittlich 200 Tonnen Kohlenstoff pro Hektar gespeichert. Ein einfacher Waldbrand, versehentlich entstanden oder bewusst wie bei Brandrodungen gelegt, setzt also innerhalb weniger Stunden die Kohlenstoffmenge frei, die im Lauf von Jahrhunderten gespeichert wurde!

Dank ihrer Fähigkeit, Kohlenstoff zu speichern, spielen die Wälder eine bedeutende Rolle beim Kampf gegen die Erderwärmung. Wenn ein Baum abstirbt, wird der in seinem Holz gebundene Kohlenstoff an die Luft abgegeben und der Zyklus beginnt von vorn. Genau das passiert in den natürlich gewachsenen Primärwäldern, in denen die Bäume leben, absterben und an Ort und Stelle verrotten: Beim Absterben geben die Bäume den gebundenen Kohlenstoff an die Atmosphäre ab. Wird das Holz als Nutzholz oder in Schreinereien verwendet, bleibt der Kohlenstoff so lange darin eingeschlossen, bis das Holz zerstört wird. Aus diesem Grund, und auch weil es sich um einen erneuerbaren Rohstoff handelt, wird Holz oft als Ökomaterial eingestuft.

Plantagen, die zur Produktion von Biokraftstoffen angelegt wurden, die als Mittel gegen die Erderwärmung präsentiert werden, stellen eine Gefahr für die tropischen Wälder dar. Brasilien, das weltweit über die Hälfte aller Biokraftstoffe produziert und sich auch politisch für deren Entwicklung einsetzt, vernichtet dafür einen Großteil seiner Wälder. Mit dem Ziel, den durch herkömmliche Kraftstoffe verursachten Kohlendioxidausstoß zu verringern, verfügten dort 2008 bereits 70 Prozent aller Autos über Motoren, die sich von konventionellem Benzin auf reinen Biokraftstoff oder beliebige Mischungen umstellen lassen. Auch die USA schlagen aktuell eine ähnliche Richtung ein. Und Europa plant im Rahmen seines Engagements für eine Verringerung der Schadstoffemissionen, den Anteil an erneuerbaren Energien am Gesamtverbrauch in der Europäischen Union bis zum Jahre 2020 auf 20 Prozent zu erhöhen. Darunter sind dann zehn Prozent Biokraftstoff. Diese fälschlicherweise als positiv betrachtete Entscheidung wird die Abholzung ganzer Wälder nach sich ziehen, die sich bei ihrer Zerstörung als wahre Kohlenstoffquellen herausstellen werden.

Rechte Seite: Bei ihrer Verrottung geben Baumstümpfe und Äste Kohlenstoff an die Atmosphäre ab. Die größte Kohlenstoffmenge wird jedoch in den Bäumen gespeichert, wie hier in einem Nationalpark im Bundesstaat Washington.
Seite 274: Sehr oft fällen die Holzfirmen nur die ökonomisch wertvollen Bäume und lassen die anderen stehen. Aber auch im geschlagenen Holz ist weiterhin Kohlenstoff gespeichert, selbst dann noch, wenn es zu Möbeln verarbeitet wurde.
Seite 275: Wenn ein Baum verrottet, entwickeln sich auf seinem Stamm andere Pflanzen, die die in seinem Holz vorhandenen organischen Verbindungen für ihr Wachstum benötigen.
Seiten 276/277: Ein von Menschen niedergebrannter Wald in Brasilien. Durch das Feuer wird der gesamte im Holz enthaltene Kohlenstoff freigesetzt.

Der Wald, die grüne Lunge unseres Planeten?

Die Medien bestärken uns in der Vorstellung, der Wald – allen voran der Amazonaswald – sei die grüne Lunge unseres Planeten.

Sicher ist es gut, wenn wir uns in Erinnerung rufen, dass Bäume das Phänomen Atmung kennen. Aus sprachlicher Sicht ist die Verwendung des Begriffs Lunge falsch, denn laut Definition ermöglicht die Lunge das Atmen, d. h. die Aufnahme von Sauerstoff, gefolgt vom Ausstoß von Kohlendioxid und Wasser. Im Gegensatz zum Menschen nimmt ein Baum bei der Photosynthese Kohlendioxid auf und setzt Sauerstoff frei. Doch obwohl ein Baum Kohlendioxid aufnimmt, setzt er dieses, wie übrigens jede andere Pflanze, auch frei, und zwar vor allem nachts, wenn in Ermangelung des Sonnenlichts keine Photosynthese stattfinden kann.

Ein einzelner Baum produziert zu seinen Lebzeiten mehr Kohlendioxid, als er Sauerstoff abgibt. Dieses Verhältnis gilt jedoch nicht, wenn man einen Wald in seiner Gesamtheit betrachtet. Das Ökosystem Wald beschränkt sich ja nicht auf Bäume und andere Pflanzen. Auch Waldbewohner wie Vögel und Säugetiere leben darin. Beim Atmen verbrauchen diese Tiere einen Großteil des von allen Pflanzen produzierten Sauerstoffs und sorgen damit dafür, dass das Sauerstoff-Kohlendioxid-Verhältnis stets ausgeglichen ist.

Weltweit betrachtet bestätigt die Bilanz des von den Wäldern produzierten Sauerstoffs, dass sie keineswegs als Lunge unserer guten alten Erde bezeichnet werden können. Das sind unbestritten die Ozeane und Meere. Sie enthalten das extrem wichtige Phytoplankton, das mittels Photosynthese den Sauerstoffgehalt der Erdatmosphäre reguliert.

Bei der Feststellung, der zunehmende Rückgang des Amazonaswalds entziehe der Erde den Sauerstoff, handelt es sich also um ein Vorurteil. Es ist sogar falsch anzunehmen, dass Wälder das gesamte unerwünschte Kohlendioxid in der Atmosphäre aufnehmen. Wahr bleibt jedoch, dass Wälder beim Kampf gegen die Erderwärmung sehr hilfreich sein können. Wie dem auch sei: Es gibt genügend wissenschaftlich seriös belegte Gründe, die Wälder unserer Erde zu schützen. Zu den zahlreichen Fakten, die den Schutz der Tropenwälder rechtfertigen, zählt an erster Stelle ihre außergewöhnliche Biodiversität, die größtenteils noch unerforscht ist. Die tropischen Wälder sind außerdem die Heimat zahlloser Pflanzen, die zukünftig für die Ernährung und in der Medizin eine große Rolle spielen können.

Rechte Seite: Die Agave, eine langsam wachsende Pflanze mit einzigartiger Blüte.
Seite 280: Sonnenaufgang über den unendlichen Regenwäldern Perus, die sich im Morgennebel verlieren. Diese Art von Wald spielt aufgrund des Zusammenspiels zwischen Evaporation und Verdunstung der Bäume eine bedeutende Rolle beim Wasserkreislauf und Lokalklima.
Seite 281: Eine blühende Guzmanie im Unterholz des Amazonaswalds.
Seiten 282/283: Baumkronen im Amazonaswald in der Nähe von Manaus in Brasilien. Die Tropenwälder sind die Heimat für über die Hälfte aller Tier- und Pflanzenarten unserer Erde.

Abholzung und langfristige Entwicklung

Es ist eine Tatsache: Weltweit verschwinden immer mehr Waldflächen. Man sollte diese Aussage jedoch im Hinblick auf die einzelnen Kontinente relativieren.

Im Gegensatz zu dem, was die meisten Menschen glauben, nehmen die Waldflächen in den gemäßigten Zonen wie Nordamerika und Europa wieder zu. In Frankreich beispielsweise haben sich die Waldflächen seit 1850 verdoppelt und der Wald wächst jährlich um 30 000 Hektar. Die Gründe für diese Zunahme sind wahrscheinlich in der wirtschaftlichen bzw. demographischen Geschichte der westlichen Länder zu suchen. Um das Jahr 1850 begann die industrielle Revolution und mit ihr eine Landflucht. Gleichzeitig setzte ein spektakulärer Aufschwung in der Landwirtschaft ein, die immer stärker mechanisiert wurde und sich auf die produktivsten, ertragreichsten Flächen konzentrierte. Auf der aufgegebenen Anbaufläche siedelten sich schon bald wieder von alleine Bäumen an oder wurden dort im Zuge einer ambitionierten Forstpolitik angepflanzt.

Anders sieht es bei den tropischen Wäldern aus, die sich in Ländern mit schwachem Bruttoinlandsprodukt befinden, deren Bevölkerung rapide zunimmt. Die extrem arme Bevölkerung braucht immer mehr Lebensraum. Gleichzeitig sind die Abholzungen auch deshalb notwendig, da diese Bevölkerungsschichten keinen Zugang zu modernen Energiequellen wie Gas, Heizöl oder Elektrizität haben. Oft stellt Holz die einzige Energiequelle dar. Angaben der Welternährungsorganisation zufolge werden 80 Prozent der gefällten Tropenbäume als Brennholz verwendet. Auf diese Weise verschwinden schätzungsweise jährlich insgesamt rund 17 Millionen Hektar der noch etwa 1,8 Milliarden Hektar umfassenden Gesamtfläche der Tropenwälder. Das sind alarmierende Zahlen, wenn man bedenkt, dass die Tropenwälder in weniger als 100 Jahren nicht mehr existieren werden, wenn dieser Trend anhält!

Es ist also Eile geboten und dieses Bewusstsein muss sich auf allen Ebenen durchsetzen. Die landwirtschaftliche Nutzung von Forstgebieten sollte in den tropischen Wäldern im Allgemeinen nur selektiv erfolgen. Viel größere Schäden entstehen jedoch durch illegale Abholzungen, die Holzentnahme der benachteiligten Bevölkerung sowie Brandrodungen. Um diese Praktiken einzudämmen, wurden Gütesiegel, sogenannte Zertifizierungssysteme, für eine nachhaltige Forstwirtschaft eingeführt, von denen sich die Verbraucher bei ihren Käufen leiten lassen können, z. B. das Gütesiegel des FSC (Forest Stewardship Council) oder des PEFC (Programme for Endorsement of Forest Certification).

Rechte Seite: Massive Rodungen für den Bau einer Landebahn in Marudi, Borneo. Die Primärwälder Borneos sind heute vor allem durch Palmölplantagen bedroht.

Register

Die **fett** gedruckten Seitenangaben beziehen sich auf Fotos.

A

B

C

D

E

F

G